職人必備技！

Photoshop
最強教科書

井村克也 / ソーテック社 著 ・ 吳嘉芳 譯

CC適用 │ Windows & Mac

序

這是一本寫給 Photoshop 新手的入門教科書，適合從事平面設計、網頁設計、編修照片作品等創作工作者，或想製作縮圖於社群媒體上發文的人。

Photoshop 可以執行各種與數位影像有關的操作，包括依個人喜好調整照片的顏色與亮度、合成不同相片、刪除多餘部分或列印等。這是調整、編修、合成數位相機拍攝的照片，設計照片及文字最常用的軟體。

書中內容支援最新版本 CC 2023，Windows 與 Mac 的使用者都可以使用。不論是初次接觸 Photoshop 的新手，或是設計師、攝影師、業餘攝影師、工程師，都是本書的適用對象，書中清楚解說了 Photoshop 的基本用法、圖層、色版操作、影像處理、編修、濾鏡、網頁設計、轉存等技巧。

CC 2023 版本包括以下重要功能：
- 物件選取工具（依照游標自動選取）
- 強化 Neural Filters（風景混合器、協調、顏色轉移等）
- 套用樣式濾鏡
- 圖樣預視
- 貼上保留 Illustrator 資料的圖層內容
- 共用註解

運用 AI 功能，Photoshop 可以學習影像並判斷、選擇影像的內容，對影像執行各種編修。

本書將以這些新功能為主，徹底說明常用的影像編修、圖層合成、設計範例，還有 Photoshop 的功能，同時一併解說 Photoshop iPad 版、Camera Raw、Lightroom 的運用方法，並以初學者可以理解的方式描述內容，同時讓已經學會運用 Photoshop 的人能更熟悉相關操作。請從本書提供的網站下載書中使用的影像範例，實際操作，學會各項技巧。

希望這本書可以讓你隨心所欲地操作 Photoshop，並用它完成各種創意及編修工作。

Sotechsha 編輯部

CONTENTS

CHAPTER 9 **學習操作路徑與形狀**

CHAPTER 10 **套用濾鏡**

CHAPTER 11 **轉存影像與資料庫的運用**

本書的閱讀方式與使用方法

本書的適用對象為「Photoshop 初學者」以及「希望精進 Photoshop 技巧的人」。最初以基本技巧為主，接著再深入瞭解 Photoshop 的進階內容。

● Photoshop 的初學者

想學習 Photoshop 的初學者，請先掌握 Photoshop 的首頁畫面，開啟影像後的選單、面板、工具選項等介面。

當你開啟數位相機拍攝的相片後，可以從一般常用的操作開始練習，例如調整尺寸、解析度、操作圖層、調整色調等。

同時請一併記住解析度、位元深度、色彩模式等瞭解數位影像必備的基本知識。

● 希望精進 Photoshop 技巧者

因工作或個人興趣，已經開始使用 Photoshop，卻渴望提高工作效率，期望瞭解新用法的人，使用「物件選取工具」、「Neural Filters」等新功能，應該可以感受到編輯影像或製作影像的操作步驟比以往精簡。

即使你常使用 Photoshop，也可能沒有注意到對話框內的詳細項目或偏好設定的內容。本書將利用引導線，徹底說明各項操作、工具選項、對話框的設定項目。

● 試試 Photoshop iPad 版本吧

Photoshop iPad 版隨著每次升級而不斷進化，撰寫本書的當下，iPad 版在選取操作、圖層操作、筆刷操作等方面，已經變得比桌面版更方便。

● 善用使用頻率、目錄

相信大部分的人都很熟悉 Photoshop 的常用功能，但是當你學會一些不常用的功能時，你一定會訝異它竟然如此方便。

利用本書的目錄，查詢不常用的功能並嘗試一次，可以讓你在工作上進一步發揮 Photoshop 的實力。

每個「CHAPTER」的標題中，清楚標示了「使用頻率」，你可以從使用頻率高的部分開始讀起，之後再回頭閱讀使用頻率低的操作。

● 在學校及研討會的運用

這本書設計成可以把每一章當作教學課程使用，你可以將本書運用在 Photoshop 教學、講習、研討會上。

● 本書的操作環境

本書是在 Windows 10/11 的操作環境下製作，但是 Mac OS 的使用者也可以按照幾乎相同的操作練習。Mac 使用者請按照以下說明取代快速鍵。

Ctrl 鍵 ➡ ⌘ 鍵

Alt 鍵 ➡ option 鍵

▎本書編排

本書的頁面結構包含以下項目。各 CHAPTER 是由說明各個功能與操作的 SECTION 組成,你可以快速找到需要的操作說明。操作流程都會附上編號進行解說,即便是初學者也能輕鬆掌握操作方法。

CHAPTER(章)是由 SECTION(節)組成,
每個 SECTION 都是獨立的說明。

小標題包含功能名稱、
操作名稱與工具名稱等。

引言為本章的重點概要。

使用頻率分成三個等級。

這是操作內容的標題。
內文會搭配圖片說明相關功能及術語。

依照步驟的編號操作,
就能快速學會操作方法。

POINT 會說明內文與操作步驟未提及的注意事項與替代用的操作方法。

TIPS 會說明新功能以及與 SECTION 有關的技巧。

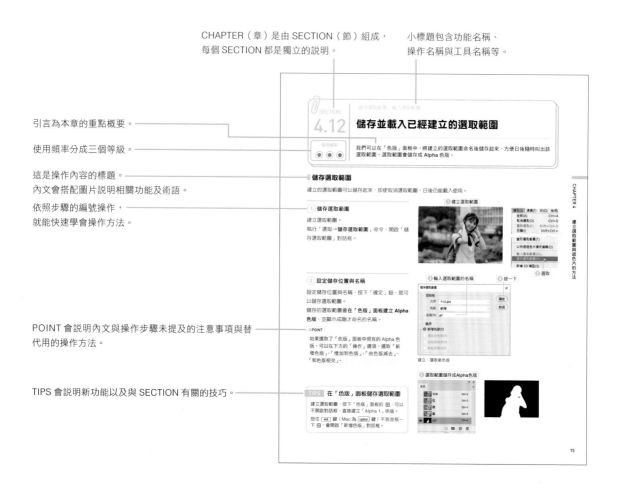

1

學習 Photoshop 的基本知識與基本操作

一起來學習 Photoshop 吧！

如果你是初學者，請透過本章瞭解可以使用 Photoshop 做什麼，並學習與數位影像有關的基本知識。

本章將說明啟動 Photoshop、介面、開啟與儲存影像等初步操作，以及點陣圖、色彩深度、色彩模式、解析度等基本用語。

Photoshop 能做些什麼呢？

Adobe 公司推出的 Photoshop 可以調整、編修影像資料，合成影像、執行設計（DTP、Web）、製作 LOGO 與插圖等，功能十分強大，是多數人常用的影像處理軟體。

▌Photoshop 的用途

由 Adobe 公司開發的 Photoshop CC 是業界知名的影像處理軟體，Photoshop 主要有以下用途。

- 調整照片的色調、合成照片
- 編修照片（部分校正）
- 影像解析（醫療、科學領域等）
- 設計照片、處理文字
- 網頁設計、手機版網頁設計等
- 製作插圖

主要使用者包括與商業印刷有關的美術編輯、平面設計師、DTP 及印刷相關的從業人員、網頁設計師、攝影師、修圖師、插畫師、醫療或科學人員、產品設計師等，廣泛分佈在各個領域。

▌Photoshop 執行的工作

Photoshop 可以執行各式各樣的處理，主要用於調整數位影像的色調及亮度、利用筆刷修圖、套用濾鏡、與其他影像合成等。儘管 Photoshop 執行的處理非常多元化，卻都是透過把代表影像的最小單位「像素」改成其他顏色來執行影像處理。使用放大影像的工具，把影像放大之後，可以發現影像是由**四角形的像素集合**組成。

放大 Photoshop 的畫面，
可以確認像素的形狀。

Photoshop 的功用

Photoshop 的功能非常多元而且數量龐大。

以下是本書會介紹的 Photoshop 主要功能。

1. 將拍攝的照片調整成特定色調

➡ 依照目的調整影像，包括美肌、強調天空、調亮陰暗的照片等。

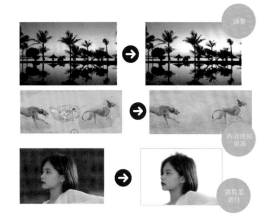

2. 刪除照片中的多餘物體

➡ 以自然融合周圍景色的方式刪除多餘的電線、人物、景物等雜物。

3. 將人物、動物、自然物件去背

➡ 只要描繪或按一下，就能將頭髮、動物毛髮完美去背。

4. 在影像加上 LOGO

➡ 使用 Photoshop 可以設計與照片自然融合的文字，完成各式各樣的設計。

5. 在影像上繪製形狀

➡ 可以在照片上繪製矩形、圓形等各種形狀，完成設計。

6. 選取部分影像，建立遮色片並編輯

➡ 如果只想編輯照片中的特定部分，可以建立遮色片（選取範圍）再執行操作。

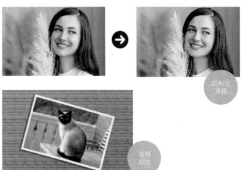

7. 套用濾鏡

➡ 提供模糊、銳利化、加上逆光、變成插畫風格等各種濾鏡。

8. 調整、旋轉影像的角度

➡ 可以傾斜或旋轉影像或物件。

9. 讓數位相機拍攝的 Raw 影像顯像

➡ Camera Raw 的顯像功能可以執行色調、明暗、遮色片、裁切等操作。

10. 一鍵調整景色、季節、美肌、鏡頭模糊

➡ 使用 Neural Filters 時，AI 可以判斷影像，以施展魔法般的方式完成影像處理。

啟動、開始選單、工作列、Dock

啟動 Photoshop

請從 Adobe 公司的官網下載 Photoshop，安裝之後立即啟動（有提供試用版）。
Windows 是從開始選單，而 Mac 是從 Finder 或 dock 啟動 Photoshop。

安裝並啟動 Photoshop

Photoshop 安裝完畢後請試著啟動。啟動時必須輸入 Adobe ID，請
輸入你的 ID 與密碼。

Windows 10 或 11 可以從**開始選單**、工作列、桌面圖示**啟動**
Photoshop。

假如 Photoshop 沒有出現在開始選單內，在開始按鈕的 Cortana 輸入
方塊內，輸入「photo」搜尋，再選擇「Adobe Photoshop CC 2023」。

macOS 是在 Finder 的「應用程式」中，於 Photoshop 檔案夾內的應
用程式圖示按兩下，就能啟動 Photoshop。

❷ 按一下啟動

❶ 輸入「photo」搜尋

macOS的Photoshop圖示

透過Creative Cloud應用程式的
「Apps」也可以啟動Photoshop

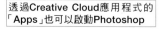

TIPS **新增至工作列或 Dock**

在 Windows 的 開 始 選 單 搜 尋 到 的
「Adobe Photoshop CC 2023」按 右
鍵，執行「釘選到工具列」命令，就
會在工具列新增 Photoshop 圖示。

❶ 按右鍵

Windows

❷ 選取

❸ 新增至「工具列」

macOSのDock

如果是 macOS，把應用程式圖示拖曳到 Dock，只要按一下 Dock 上
的圖示，就可以啟動該應用程式，非常方便。

SECTION 1.3

首頁畫面

Photoshop 的首頁

使用頻率

啟動 Photoshop 後會開啟首頁畫面。在首頁畫面中，可以利用左側選單進入學習或 Lightroom CC 相片圖庫，建立新檔或開啟檔案，也能利用最近使用的影像縮圖開啟要執行的檔案。

首頁畫面的結構

首頁畫面的結構如下所示。按下 Esc 鍵可以結束首頁畫面，進入操作頁面。

顯示建立新文件的畫面（請參考 22 頁）。

顯示「開啟」對話框（請參考 25 頁）。

按一下回到首頁畫面。

顯示 Photoshop 基本知識的教學課程。

顯示在 Creative Cloud 的檔案。
「與您共用」是顯示與其他使用者共用的檔案。「Lightroom 相片」會顯示 Lightroom CC 同步的照片，按一下可以在 Photoshop 開啟照片。

進入Photoshop的操作畫面

顯示雲端儲存空間

顯示新功能

顯示搜尋畫面

以瀏覽器開啟Adobe帳戶

最近在Photoshop使用過的檔案（請參考25頁）

▶ 將 Photoshop 的操作畫面切換成首頁畫面

按一下工具列最左邊的「首頁」鈕 ⌂。

按一下切換至首頁

TIPS　**不顯示首頁畫面**

假如不想顯示首頁畫面，請執行「編輯→偏好設定→一般」命令，取消勾選「**自動顯示首頁畫面**」。

SECTION

1.4

使用頻率

選單列、工具選項列、工具列、面板、文件

Photoshop 的操作畫面

Photoshop 的介面包括工具列、面板、工具選項列、選單、文件視窗、狀態列等，請熟悉各個部分的位置。

▌Photoshop 的畫面結構

以下是 Photoshop 的**預設工作區**，請記住各個部分的名稱。

選單列　　工具選項列（18頁）

文件標籤　　　　　　　面板（20頁）

工具列（17頁）　狀態列　　文件視窗　　　　　　　　面板固定區

🔵POINT

啟動 Photoshop 或尚未開啟任何文件時，會顯示首頁畫面。在首頁畫面中，可以開啟之前曾打開過的檔案或 Creative Cloud 檔案。

🔵POINT

在支援觸控面板的 Windows 環境中，可以利用點選方式選取 Photoshop 的選單或按鈕，還能用雙指縮放影像，利用按壓方式執行右鍵操作。

SECTION

1.5

工具列、工具提示、搜尋

工具列

使用頻率

⬤ ◉ ⬤

工具列是 Photoshop 最重要也常用的部分，包含選取影像、繪圖、修圖、開啟畫面等工具。只要用滑鼠按一下工具列內的工具鈕即可選取該工具。右下方顯示 ◢ 的工具，可以利用長按滑鼠左鍵的方式選取子工具。

▌工具列的結構

工具列內包含修圖、文字、路徑、繪製形狀等大量工具。

◉ POINT

當游標移動到工具上，會顯示該工具的名稱（**工具提示**）。在**豐富工具提示**中，將以照片或動畫顯示工具的用法。
只要在英文輸入模式下，按下快速鍵，就可以選取該工具。

詳細工具提示

TIPS　搜尋工具或功能

按下 [Ctrl] + [F] 鍵，或工具選項列的 [Q]，開啟「探索」面板，可以搜尋工具、選單、學習、Adobe Stock 的照片。

按一下

輸入

顯示搜尋結果

TIPS　讓工具列顯示成兩行

按一下工具列左上方的雙重箭頭 ≫，可以讓工具列顯示成兩行。

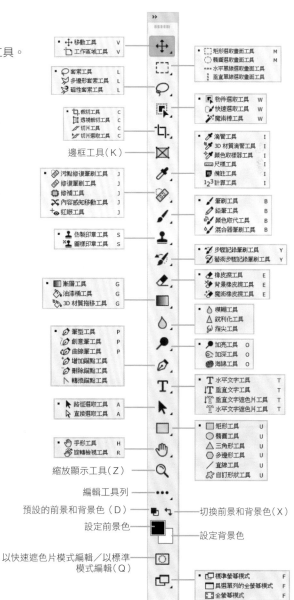

移動工具　V
工作區域工具　V

矩形選取畫面工具　M
橢圓選取畫面工具　M
水平單線選取畫面工具
垂直單線選取畫面工具

套索工具　L
多邊形套索工具　L
磁性套索工具　L

物件選取工具　W
快速選取工具　W
魔術棒工具　W

裁切工具　C
透視裁切工具　C
切片工具　C
切片選取工具　C

滴管工具　I
3D 材質滴管工具　I
顏色取樣器工具　I
尺標工具　I
備註工具　I
1₂3 計算工具　I

邊框工具（K）

污點修復筆刷工具　J
修復筆刷工具　J
修補工具　J
內容感知移動工具　J
紅眼工具　J

筆刷工具　B
鉛筆工具　B
顏色取代工具　B
混合器筆刷工具　B

仿製印章工具　S
圖樣印章工具　S

步驟記錄筆刷工具　Y
藝術步驟記錄筆刷工具　Y

橡皮擦工具　E
背景橡皮擦工具　E
魔術橡皮擦工具　E

漸層工具　G
油漆桶工具　G
3D 材質拖移工具　G

模糊工具
銳利化工具
指尖工具

筆型工具　P
創意筆工具　P
曲線筆工具　P
增加錨點工具
刪除錨點工具
轉換錨點工具

加亮工具　O
加深工具　O
海綿工具　O

水平文字工具　T
垂直文字工具　T
垂直文字遮色片工具　T
水平文字遮色片工具　T

路徑選取工具　A
直接選取工具　A

矩形工具　U
橢圓工具　U
三角形工具　U
多邊形工具　U
直線工具　U
自訂形狀工具　U

手形工具　H
旋轉檢視工具　R

縮放顯示工具（Z）

編輯工具列

預設的前景和背景色（D）

設定前景色

切換前景和背景色（X）

設定背景色

以快速遮色片模式編輯／以標準模式編輯（Q）

標準螢幕模式　F
具選單列的全螢幕模式　F
全螢幕模式　F

SECTION 1.6

使用頻率

◉ ◉ ◉

工具選項列與狀態列

文件視窗的上方有工具選項列，下方有狀態列。使用筆刷、文字、選取等工具時，工具選項列會顯示對應各個工具的設定項目，可以一邊設定，一邊使用工具。

工具選項列

選取工具時，工具選項列會顯示**與該工具有關的設定項目**。

選取類工具會在工具選項列顯示羽化、樣式、邊緣等設定項目，文字工具會顯示字體、大小等與格式有關的設定項目，而筆刷工具會在工具選項列顯示尺寸、不透明、硬度等項目。

矩形選取畫面工具

筆刷工具

文字工具

共用文件　選取工作區

搜尋工具、說明、**Adobe Stock**

在狀態列檢視影像資訊

視窗左下方的**狀態列**顯示了文件的寬度、高度、檔案大小等。

使用滑鼠按一下，可以顯示寬度、高度、色版、解析度等資訊。

/（斜線）左邊代表合併影像後，無圖層資料的檔案大小，而右邊是包含圖層資料的檔案大小。

按一下 〉，可以選取、更改選單中的資訊內容。

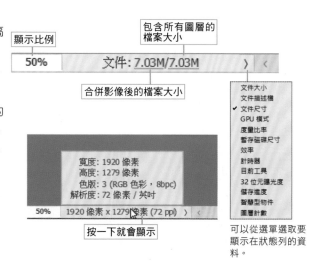

顯示比例

包含所有圖層的檔案大小

50%　文件：7.03M/7.03M

合併影像後的檔案大小

寬度：1920 像素
高度：1279 像素
色版：3 (RGB 色彩，8bpc)
解析度：72 像素 / 英吋

50%　1920 像素 x 1279 像素 (72 ppi)

按一下就會顯示

文件大小
文件描述檔
✓ 文件尺寸
GPU 模式
度量比率
暫存磁碟尺寸
效率
計時器
目前工具
32 位元曝光度
儲存進度
智慧型物件
圖層計數

可以從選單選取要顯示在狀態列的資料。

SECTION

1.7

使用頻率

選取工作區、重置、新增工作區

設定個人專用的工作區

Photoshop 提供自訂工作區的功能，可以依照平面設計、網頁、照片等用途，有效安排常用面板，請先建立方便個人使用的工作區。

調整工作區

你可以選擇適合工作內容的工作區，**自訂方便操作的工作環境**。

❶ 選取

工具選項列

❶ 選取

① 選取工作區

執行「視窗→工作區」命令，可以選取你想使用的工作區。

工具選項列也可以選取工作區。

❷ 切換成「攝影」工作區

② 切換工作區

這裡選取了「攝影」，切換成適合編輯「相片」的工作區。

③ 重置工作區

執行「視窗→工作區→基本功能（預設）」命令，可以恢復成原始狀態。

如果在工作區內移動了面板位置，想恢復原狀時，可以執行「重設『工作區名稱』」命令。

❸ 選取之後，恢復原狀

> ◎ POINT
>
> 假如想完全恢復成預設狀態，請執行「基本功能（預設）」命令。

> TIPS　**新增個人專用的工作區**
>
> 先安排好常用面板，建立最適合個人操作的工作區，日後工作時，就很方便。
>
> 完成方便操作的面板狀態後，執行「視窗→工作區→**新增工作區**」命令，在對話框中，可以設定只儲存已勾選項目，包括鍵盤快速鍵、選單、工具列。
>
> 如果要刪除工作區，請執行「視窗→工作區→刪除工作區」命令。

SECTION

1.8

使用頻率

「視窗」選單、面板名稱、圖示化/展開面板

記住面板的顯示方法

和選單一樣重要的介面就是面板。你可以依照個人喜好移動面板，或將面板圖示化，把多個面板整合成一個面板群組或固定區。

顯示與刪除面板

Photoshop 提供許多可以執行各種操作的面板。

假如該面板沒有出現在畫面中，請在「視窗」選單選取你想顯示的面板名稱。

再次選取，取消勾選後，就會關閉該面板。

面板為浮動狀態時，按下「關閉」鈕 ✕，也可以關閉面板。

※ Mac 版可以利用是否勾選「應用程式框架」，設定顯示或隱藏 Photoshop 的應用程式背景。

◎POINT

執行「編輯→鍵盤快速鍵」命令（請參考 320 頁），設定快速鍵，就可以利用按鍵操作立即顯示常用面板。

這是該顯示面板的快速鍵

勾選中的面板會顯示在畫面上

顯示工具選項列

顯示工具列

目前開啟中的檔案

圖示化面板與展開面板

將面板變成圖示，可以運用更大的文件視窗。

① 按一下「收合至圖示」鈕

按一下預設工作區面板右上方的「**收合至圖示**」 »，面板會變成圖示並顯示名稱。

如果要展開變成圖示的面板，請按一下該面板上方的「**展開面板**」鈕 «。

將左邊面板的邊線往右拖曳，可以只顯示按鈕。

① 按一下「收合至圖示」　**②** 按一下「展開面板」

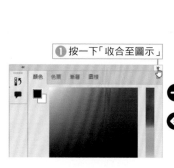
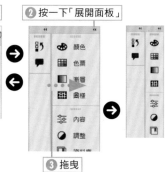

③ 拖曳

▌分離與合併面板

以標籤方式顯示面板，可以將多個面板整合成**面板群組**。預設狀態的圖層、色版、路徑面板會形成面板群組。
垂直堆疊的面板群組稱作**固定區域**。預設狀態的顏色、調整、圖層會形成一個固定區域。
面板、面板群組、固定區域可以任意分離或合併。

▶分離面板

在整合多個標籤的狀態下，**把標籤拖曳到面板外側**可以形成一個獨立的面板。

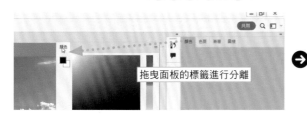
　　　　　拖曳面板的標籤進行分離

　　　　　分離面板

▶合併面板

拖曳面板的標籤，與其他面板重疊可以合併成一個**面板群組**。

　　將面板的標籤拖曳到其他面板上　　　　在顯示藍色框的地方放開　　　變成面板群組

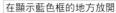

TIPS 　鎖定工作區

執行「視窗→工作區→**鎖定工作區**」命令，將無法移動、分離、合併面板。使用觸控筆時，先鎖定工作區，可以避免不小心移動面板，比較方便。

TIPS 　清除畫面上所有面板

在選取非文字工具的狀態，按下 Tab 鍵，可以**暫時隱藏**面板、工具列、選項列。再次按下 Tab 鍵，即可恢復原狀。
如果想顯示工具列與影像視窗，只隱藏其他面板時，請按下 Shift + Tab 鍵。

SECTION 1.9 建立新文件

使用頻率

Photoshop 可以設定寬度、高度、解析度、色彩模式,建立全新的畫面,並依照相片、列印、網頁、行動裝置等目的提供範本。

建立新文件

① 「新增文件」對話框

執行「檔案→**開新檔案**」命令(`Ctrl` + [N],Mac 為 `⌘` + [N]),或在首頁畫面按一下「新建」。

開啟「**新增文件**」對話框。

① 按一下

檔案(F)	編輯(E)	影像(I)	圖層(L)	文字(Y)
開新檔案(N)...				Ctrl+N
開啟舊檔(O)...				Ctrl+O
在 Bridge 中瀏覽(B)...				Alt+Ctrl+O
開啟為...				Alt+Shift+Ctrl+O
開啟為智慧型物件...				
最近使用的檔案(T)				▶

② 設定新文件

請依照目的設定影像的色彩模式、影像尺寸等。選取「相片」~「影片和視訊」其中一個標籤,即可顯示符合該用途的預設集與範本,右欄的設定內容也會一併調整。

⊙ POINT

建立新文件時,除了白色的背景內容之外,還可以選取 Adobe Stock 內的眾多範本。

「**新增文件**」對話框上半部分會顯示「**空白文件預設集**」,下半部分則顯示「**範本**」縮圖。選取範本,右側會顯示說明與預視,按下「**下載**」,即可開啟範本。下載的範本將儲存在「已儲存」標籤內,並顯示在資料庫的「Stock 範本」。

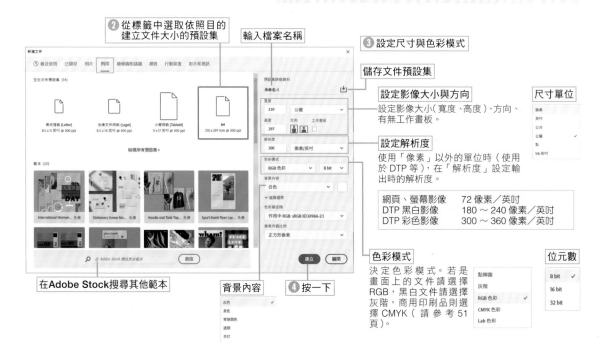

❷ 從標籤中選取依照目的建立文件大小的預設集

輸入檔案名稱

③ 設定尺寸與色彩模式

儲存文件預設集

設定影像大小與方向
設定影像大小(寬度、高度)、方向、有無工作畫板。

尺寸單位
像素／英吋／公分／公釐／點／1/6 吋

設定解析度
使用「像素」以外的單位時(使用於 DTP 等),在「解析度」設定輸出時的解析度。

網頁、螢幕影像	72 像素／英吋
DTP 黑白影像	180 ～ 240 像素／英吋
DTP 彩色影像	300 ～ 360 像素／英吋

位元數
8 bit ✓／16 bit／32 bit

色彩模式
決定色彩模式。若是畫面上的文件請選擇 RGB,黑白文件請選擇灰階,商用印刷品則選擇 CMYK(請參考 51 頁)。
(點陣圖／灰階／RGB 色彩／CMYK 色彩/Lab 色彩)

在Adobe Stock搜尋其他範本

背景內容

④ 按一下

SECTION 1.10

工作區、工作區工具

建立工作區域

使用頻率

設計智慧型手機、電腦等多種裝置使用的影像時，利用工作區域可以在同一個檔案畫面中，建立多個背景內容。新增文件時，即可建立工作區域，之後也能利用「工作區域工具」新增，並且可以透過「圖層」面板管理工作區。

在新增文件時建立工作區域

新增文件時，在一個文件內建立多個不同裝置、螢幕使用的工作區域，可以在同一文件內顯示多種設計。

工作區域內的元素也可以拖曳到其他工作區域或移動到工作區域以外的地方，按下 Ctrl ＋ Alt ＋拖曳，可以拷貝工作區域（請參考 99 頁）。

工作區域的元素會顯示在「圖層」面板中。

1 勾選「工作畫板」

在「新增文件」對話框內，選擇空白文件預設集，並勾選右邊設定欄內的「**工作畫板**」。

> **POINT**
>
> 選取現有檔案內的多個圖層，執行「圖層→新增→工作區域」命令，可以在文件內新增工作區域。

2 工作區域的新文件

按下「建立」鈕，在新文件視窗的影像左上方，會顯示工作區域名稱「工作區域 1」。

檢視「圖層」面板，可以發現「工作區域 1」顯示在「圖層 1」上方，形成包含「圖層 1」的階層結構。

> **POINT**
>
> 當你把智慧型物件置入工作區域內，並在其中一個工作區域執行編輯之後，其他工作區域的拷貝物件也會同步套用編輯結果。

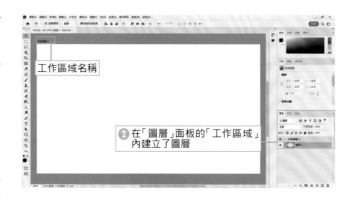

① 勾選「工作畫板」

工作區域名稱

② 在「圖層」面板的「工作區域」內建立了圖層

③ 選擇工作區域大小

選取「**工作區域工具**」 🔁。

接著選取「圖層」面板中的「工作區域 1」，利用工具選項或「內容」面板，可以設定工作區域大小。

這裡提供了 iPhone、iPad、Macbookk 等裝置的尺寸。

按下影像區域上下左右的 ⊕，可以增加工作區域並設定大小。

> **◎ POINT**
>
> 在「圖層」面板按一下工作區域名稱，並選取「工作區域工具」，工作區域四周就會顯示＋圖示。

⑤ 設定工作區域大小

TIPS 將圖層項目轉換成工作區域

如果要將現有文件轉換成工作區域，請在「圖層」面板的圖層或群組按右鍵，執行「來自圖層的工作區域」命令或執行「來自群組的工作區域」命令。

⑥ 按一下新增工作區域

---

④ 新增、拷貝工作區域

使用「工作區域工具」 🔁，按一下工作區域四邊的 ⊕，會在該方向新增工作區域，接著再使用「工作區域工具」拖曳到其他地方。

按下 [Alt]（[option]）＋按一下編輯中工作區域的 ⊕，可以在該方向拷貝工作區域。

⑦ 設定工作區域大小

⑧ 完成工作區域

> **◎ POINT**
>
> 在工作區域拷貝、編輯物件的方法請參考 101 頁的說明。

TIPS 工作區域的顏色、邊界

執行「編輯→偏好設定→介面」命令，可以設定工作區域的顏色及邊界。

TIPS 將工作區域轉存成 PDF 或檔案

工作區域可以轉存成 PDF，讓客戶檢視設計內容。執行「檔案→轉存→工作區域轉存 PDF」命令，可以在對話框內設定目的地、轉存範圍、編碼、是否包含 ICC 描述檔等。執行「檔案→轉存→工作區域轉存檔案」命令，能儲存成 BMP、JPEG、PDF、PSD、Targa、TIFF、PNG-8、PNG-24 等格式的檔案。

執行「檔案→開啟舊檔」命令、執行「視窗→排列順序」命令

SECTION 1.11

執行「檔案→開啟舊檔」命令、執行「視窗→排列順序」命令

開啟檔案

使用頻率

Photoshop 最基本的操作就是開啟檔案，透過數位相機取得的檔案或未完成設計的檔案，都是從開啟檔案開始操作。首頁會顯示最近使用過的檔案縮圖，只要按一下，就能立刻開啟檔案。

開啟檔案

Photoshop 可以開啟、顯示各種格式的檔案。

① 開啟舊檔

執行「檔案→開啟舊檔」命令（ Ctrl + [O]，Mac 為 ⌘ + [O] ），或在首頁畫面按下「開啟」。

◎POINT

在首頁畫面的「最近使用」按一下你想開啟的影像，也可以開啟該檔案。

② 在「開啟」對話框中選取檔案

開啟可以選擇檔案的對話框。

基本上，在該清單內只會顯示可以用 Photoshop 開啟的影像，不會顯示其他檔案。選取你想開啟的影像檔案再按下「開啟」鈕。

◎POINT

把檔案拖放至 Photoshop 圖示或 Photoshop 視窗，使用 Adobe Bridge 也可以開啟檔案。

③ 開啟影像檔案

開啟剛才選取的影像檔案。

Photoshop 預設以標籤形式顯示視窗，可以顯示多個文件。

◎POINT

假如不想使用標籤格式，希望以獨立的視窗開啟檔案，請執行「編輯→偏好設定→工作區」命令，取消「以標籤方式開啟新文件」。

① 選取

在首頁畫面中開啟檔案

① 按一下

② 選取要開啟的檔案夾

③ 選取要開啟的檔案

可以限制顯示在畫面中的檔案種類

按一下可以顯示並開啟Creative Cloud的檔案　**④ 按一下**

文件視窗的標籤

開啟雲端文件

如果要開啟儲存在 Creative Cloud 的檔案，按一下「開啟」對話框中的「**開啟雲端文件**」，在對話框中選取檔案，只要登入相同的 Adobe ID，任何電腦都可以開啟雲端上的文件。

「開啟」對話框

❶ 按一下

❷ 顯示「雲端文件」畫面

❸ 按一下開啟檔案

按一下會顯示上一頁在電腦內開啟影像的畫面

POINT

透過雲端開啟的檔案，會在影像名稱標籤加上雲端符號。

☁ 10-9-1.psdc @ 66.7% (RGB/8#) ×

開啟多個檔案的排版方法

開啟多個視窗時，檔案名稱的標籤會左右排列。如果希望以相同尺寸整齊排列這些視窗，可以執行「視窗→排列順序」命令，選擇排列方法。

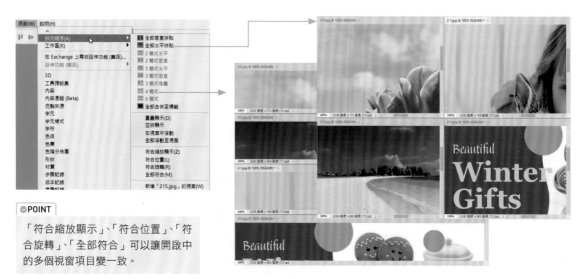

POINT

「符合縮放顯示」、「符合位置」、「符合旋轉」、「全部符合」可以讓開啟中的多個視窗項目變一致。

SECTION
1.12

關閉 Photoshop

關閉檔案

使用頻率

開啟檔案，完成編輯後，可以關閉影像視窗。除了影像視窗之外，連 Photoshop 的視窗也一併關閉時，即可結束 Photoshop。

關閉視窗

① 關閉檔案

如果要關閉前面開啟的視窗，可以執行「**檔案→關閉檔案**」命令（ Ctrl + [W]，Mac 為 ⌘ + [W]），或按下視窗的「關閉」鈕 ✕。開啟多個影像時，會關閉作用中（最上面）的視窗。

按下「關閉」鈕

② 確認是否存檔

如果尚未執行儲存操作，會開啟確認是否存檔的對話框，按下「是」鈕即可儲存影像。

Adobe Photoshop

！ 在關閉之前，是否要儲存 Adobe Photoshop 文件「1-12.jpg」中所做的更改？

是(Y)　　否(N)　　取消

按一下就可以存檔　不儲存就關閉　取消儲存

POINT

假如想保留上次的儲存狀態，將畫面上的影像另存新檔時，請執行「檔案→另存新檔」命令，詳細說明請參考 28 頁。

TIPS　關閉所有視窗

假如想一次關閉開啟中的多個影像檔案，可以執行「檔案→**全部關閉**」命令（ Alt + Ctrl + [W]）。

「關閉其他項目」是除了目前開啟中的最上面檔案，其餘檔案全部關閉。

執行「檔案→儲存檔案」命令、儲存至雲端文件、儲存至電腦

儲存影像

如果沒有把完成編輯的影像儲存在硬碟或記憶卡等儲存媒體中，日後就無法重複使用。
依照使用目的，有各式各樣的儲存格式與存檔方法。

儲存開啟中的影像

執行「檔案→儲存檔案」命令，可以直接覆蓋原本的檔案，而執行「檔案→另存新檔」命令，適用於需要更改檔案
名稱、檔案種類、儲存位置等情況。此外，還可以將檔案儲存在 Creative Cloud。

① 儲存檔案

要在 Photoshop 儲存尚未存檔的影像，可以
執行「檔案→儲存檔案」命令（ Ctrl + [S]，
Mac 為 ⌘ + [S]），或執行「檔案→另存新
檔」命令。

此時會開啟對話框，可以選擇儲存到 Creative
Cloud 或個人電腦上。

POINT

使用同一 Adobe ID 登入電腦或 iPad，可以
開啟儲存在 Creative Cloud 的檔案。
按一下首頁的「您的檔案」，也可以顯示儲
存在雲端的檔案。

② 設定儲存位置與儲存名稱

在「另存新檔」對話框中，設定**儲存位置**的檔
案夾、存檔的**檔案名稱**、**存檔類型**，並按下
「存檔」鈕。

① 按一下

如果要儲存至Creative Cloud，請按一下這裡

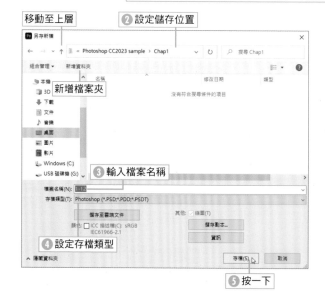

移動至上層　② 設定儲存位置

新增檔案夾

③ 輸入檔案名稱

④ 設定存檔類型

⑤ 按一下

「做為拷貝」選項

勾選「另存新檔」對話框中的**「儲存副本」**，檔案名稱將變成「……拷貝」，可以讓目前的影像保持原本的狀態，以另一種檔案格式儲存成相同狀態的影像。

ICC 描述檔

勾選「另存新檔」對話框的「ICC 描述檔」，可以連 ICC 描述檔一起儲存在檔案內。管理色彩時，ICC 描述檔可以讓螢幕、印表機等裝置呈現幾乎相同的顏色。如果沒有執行色彩管理，可以關閉此項目。以「檢視→校樣設定」設定的校樣色彩執行列印時，會用到「使用校樣設定」。

存檔類型

在 Photoshop 的「另存新檔」對話框中，可以選擇各種**存檔類型**（檔案格式）。

請依照目的選擇適當的格式，如網頁設計適合選擇 PNG 或 JPEG。

存檔時，會開啟各個格式的選項對話框，請依需求進行設定。

Photoshop (*.PSD;*.PDD;*.PSDT)
大型文件格式 (*.PSB)
BMP (*.BMP;*.RLE;*.DIB)
Photoshop EPS (*.EPS)
GIF (*.GIF)
IFF 格式 (*.IFF;*.TDI)
JPEG (*.JPG;*.JPEG;*.JPE)
JPEG 2000 (*.JPF;*.JPX;*.JP2;*.J2C;*.J2K;*.JPC)
PCX (*.PCX)
Photoshop PDF (*.PDF;*.PDP)
Pixar (*.PXR)
PNG (*.PNG;*.PNG)
Portable Bit Map (*.PBM;*.PGM;*.PPM;*.PNM;*.PFM;*.PAM)
Scitex CT (*.SCT)
Targa (*.TGA;*.VDA;*.ICB;*.VST)
TIFF (*.TIF;*.TIFF)
WebP (*.WEBP)
立體 JPEG (*.JPS)
多圖片格式 (*.MPO)

儲存到 Creative Cloud

如果選擇了「儲存到 Creative Cloud」，只要輸入文件名稱，按下「儲存」鈕即可。

儲存在 Creative Cloud 的檔案會成為雲端文件，**副檔名是「.psdc」**。

儲存到 Creative Cloud

建立新檔案夾

儲存在 Creative Cloud 的檔案可以在「版本記錄」面板確認版本履歷，回溯過去的版本，為版本重新命名。

還原前項操作

在 Photoshop 輸入錯誤或執行了錯誤的操作時，可以取消、恢復之前的狀態。執行「編輯→還原」命令，能恢復成上一個操作狀態。此外，使用「步驟記錄」面板，可以回溯多個操作步驟前的狀態。

▌還原前項操作

執行「編輯→**還原**」命令，可以取消現在執行的操作，回到上一個階段，而「重做」是取消執行「還原」狀態前的狀態。

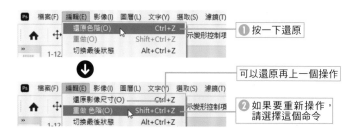

① 按一下還原

可以還原再上一個操作

② 如果要重新操作，請選擇這個命令

> **TIPS** 還原與重做的快速鍵
>
> Ctrl + [Z] 還原
> Shift + Ctrl + [Z] 重做
> Alt + Ctrl + [Z] 切換最後狀態

> **POINT**
>
> 執行「編輯→切換最後狀態」命令，可以恢復成最初的狀態，再執行一次，則恢復成最後的狀態。

▌利用「步驟記錄」面板回溯操作

在 Photoshop 執行的每一個操作，於開啟影像檔案的期間，都會記錄在「**步驟記錄**」面板內。你不必依序回溯，任何顯示在「步驟記錄」面板中的操作步驟，都可以立即顯示。

最早（最初）的操作階段會顯示在最上方，之後依序往下記錄每一個操作。

① 確認記錄

在「步驟記錄」面板中，由上往下依序顯示開啟檔案後的操作。

> **POINT**
>
> 執行「編輯→編號設定→效能」命令，可以設定「步驟記錄狀態」。

按一下兩個步驟前的記錄

② 按一下記錄

按一下「步驟記錄」面板中的記錄，可以恢復成當時的狀態。

> **POINT**
>
> 「步驟記錄」面板中的「建立新增快照」鈕，可以先儲存某個工作階段的影像狀態。

2

影像顯示方法、參考線、格點

這一章將介紹如何放大、捲動視窗內的影像、設定參考線、顯示資訊等技巧。
把快速鍵一併記下來,可以提高 Photoshop 的操作效率。

縮放顯示工具、「檢視」選單、導覽器面板

利用縮放讓影像變得容易辨識

開啟影像後,可以放大局部內容,一邊確認細節,一邊執行操作,或檢視整個畫面,調整檢視尺寸再進行編輯。請利用這個小節學會 Photoshop 常用的縮放方法,包括使用「縮放顯示工具」、「導覽器」面板、「檢視」選單。

▌使用「縮放顯示工具」 🔍 放大或縮小影像

請先記住利用「**縮放顯示工具**」 🔍 放大或縮小影像的方法。

① 使用「縮放顯示工具」按一下

按一下選取工具列中的「縮放顯示工具」🔍 ([Z] 鍵)。

使用 🔍 在畫面上按一下,將影像放大一級。按下滑鼠左鍵再放開,可以逐漸放大影像。

如果要縮小影像,請按下 [Alt] 鍵(Mac 為 [option] 鍵),當游標變成 🔍 時,在想縮小影像的位置按一下即可。

> ⬤ POINT
>
> 在選取了其他工具的狀態下,按下 [Ctrl] ＋ [Space] 鍵,游標會變成 🔍。

② 放大一級

影像的顯示尺寸從 33.33% 放大成 50%。影像視窗的左下方會顯示目前影像的顯示比例,請在這裡確認結果。

> ⬤ POINT
>
> 執行「編輯→編號設定→工具」命令,勾選「**使用捲動滾輪縮放顯示**」,可以利用滑鼠滾輪執行縮放操作。支援觸控面板的裝置能利用雙指捏合縮放影像。

❷ 按一下想放大的影像中心

❶ 選取「縮放顯示工具」

33.33%

50%　❸ 放大一級

使用「縮放顯示工具」 🔍 縮放影像的方法（拖曳縮放）

拖曳縮放時，從拖曳位置往右拖曳是放大，往左拖曳是縮小（拖曳縮放：執行「偏好設定→效能」命令，勾選「使用圖形處理器」）。

勾選「拖曳縮放」時　　　　　　　　　☑ 拖曳縮放

往左拖曳縮小　　　往右拖曳放大

POINT

執行「偏好設定→工具」命令，勾選「**將點擊處縮放至中央**」，按下滑鼠左鍵的位置將成為視窗中心，縮放影像（預設為關閉）。

取消選項列的「**拖曳縮放**」，使用「縮放顯示工具」 🔍 拖曳時，拖曳範圍會占滿成整個視窗（下圖）。

取消「拖曳縮放」

❶ 拖曳要放大的範圍

➡

❷ 可以放大檢視拖曳部分

TIPS　快速縮放技巧

連續按下 [Ctrl] + [+] 或 [Ctrl] + [-] 鍵，可以快速縮放影像。

TIPS　在縮放比例方塊內輸入比例

在視窗左下方的縮放比例方塊按兩下，於選取字串的狀態輸入數值（0.xx% ～ 3200%），按下 [Enter] 鍵，即可按照指定比例顯示影像。

在縮放比例方塊內輸入比例

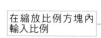

150%

「縮放顯示工具」的選項列包括控制縮放的核取方塊及按鈕，可以設定縮放方法與畫面的顯示尺寸。

勾選後，往右拖曳可以放大影像，往左拖曳可以縮小影像。

讓目前的視窗符合畫面尺寸。
在 🔍 按兩下，也有一樣的效果。

勾選後，縮放顯示時，會重新調整視窗的縮放尺寸。

同時縮放開啟中的所有視窗。

按一下，影像尺寸顯示成100%。
在 🔍 按兩下也會顯示成100%。

將目前的視窗尺寸縮放成符合影像大小。

方便縮放的命令

在「視窗」選單的「排列順序」與「檢視」選單中，有幾個縮放影像的命令。先記住這些命令的快速鍵，就能立刻顯示成你想設定的尺寸。

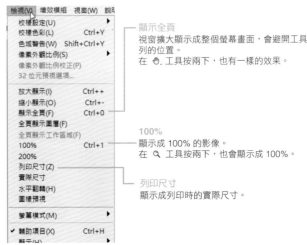

顯示全頁
視窗擴大顯示成整個螢幕畫面，會避開工具列的位置。
在 🖐. 工具按兩下，也有一樣的效果。

100%
顯示成 100% 的影像。
在 🔍 工具按兩下，也會顯示成100%。

列印尺寸
顯示成列印時的實際尺寸。

利用「導覽器」面板調整顯示區域

執行「視窗→導覽器」命令，開啟「導覽器」面板。

在「導覽器」面板中，使用預視下方的滑桿可以放大、縮小顯示區域。

拖曳預視的紅框，可以指定顯示區域（請參考右頁）。

使用 Ctrl +拖曳面板的預視部分，紅色四角形內的部分會成為顯示區域。

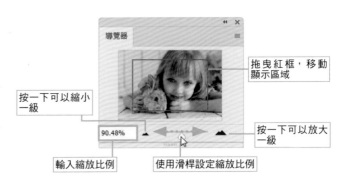

拖曳紅框，移動顯示區域

按一下可以縮小一級

按一下可以放大一級

輸入縮放比例

使用滑桿設定縮放比例

SECTION 2.2

手形工具、導覽器面板

捲動畫面調整顯示位置

使用頻率

放大後的影像無法完整顯示在視窗內，必須以捲動方式顯示隱藏起來的部分。方法包括使用捲軸、「手形工具」、「導覽器」面板。

▌使用「手形工具」捲動影像

假如影像範圍大於視窗，必須利用捲動才能顯示隱藏部分。

捲動時，可以拖曳視窗捲軸方塊，或按一下捲軸箭頭。

選取工具列的「**手形工具**」 。（半形 [H] 鍵），在畫面上往你想顯示的方向拖曳。

按一下

使用「手形工具」拖曳

拖曳

按一下

按一下　　　拖曳　　　按一下

TIPS **過度捲動**

執行「編輯→偏好設定→工具」命令，勾選「過度捲動」可以捲動縮小到無法捲動的影像。

TIPS **捲動快速鍵**

除了輸入文字之外，選取其他工具時，按下 Space 鍵，即可顯示成「手形工具」 ，只要拖曳就能捲動影像。

PageUp PageDown 鍵　　　　　上下捲動一個畫面

Ctrl + PageUp PageDown 鍵　　左右捲動一個畫面

Home 鍵　　　　　　　　往左上捲動顯示區域

End 鍵　　　　　　　　往右下捲動顯示區域

▌使用「導覽器」面板捲動畫面

在「導覽器面板」的預視框內，拖曳紅色框可以設定視窗內的影像顯示位置。

拖曳

SECTION 2.3 切換螢幕模式

使用頻率

如果螢幕比較窄，可以隱藏工具列或面板，以全螢幕顯示影像。先記住快速鍵，日後操作比較方便。

三種螢幕模式

工具列最下方的「**變更螢幕模式**」可以隱藏選單或工具列，只顯示影像視窗，或消除視窗框單獨顯示影像（顯示成全螢幕）。

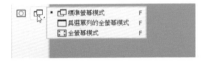

標準螢幕模式	具選單列的全螢幕模式	全螢幕模式
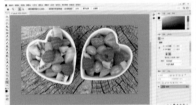	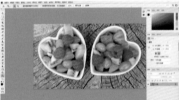	

在全螢幕狀態按下 Esc 鍵或 [F] 鍵，可以切換成「標準螢幕模式」。把滑鼠游標移動到視窗兩端，即可顯示面板。

POINT

全螢幕也可以使用「手形工具」。或「旋轉檢視工具」。

TIPS 使用「旋轉檢視工具」

「手形工具」。的子工具「旋轉檢視工具」。可以在完全不影響影像畫質的狀態下，旋轉、編輯、繪圖、調整影像。

紅色指北針指向影像的北方。

按下「重設檢視」，可以恢復原本的位置。

以數值設定角度　按一下恢復原狀

②拖曳旋轉顯示狀態

①選取「旋轉檢視工具」

SECTION

2.4

使用頻率

執行「檢視→尺標」命令

利用尺標與參考線決定正確位置

尺標與參考線是執行準確操作時不可或缺的功能，也是完成精準設計或切片、使用路徑繪圖時，一定會用到的功能。參考線可以鎖定或暫時隱藏起來。

顯示尺標並調整原點

① 顯示尺標

執行「檢視→尺標」命令（ Ctrl + [R] ）。

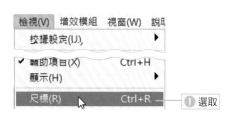

1 選取

2 顯示尺標的刻度

② 調整尺標的原點

視窗上方與左方會顯示尺標的刻度。

從刻度左上方的四角部分開始拖曳，即可移動原點位置。

POINT

在尺標按下滑鼠右鍵，可以設定尺標的單位。

3 拖曳移動原點

設定尺標的單位

操作 Photoshop 之前，請先將尺標設定成慣用單位。執行「編輯→偏好設定→**單位和尺標**」命令，或在「資訊」面板的面板選單執行「面板選項」命令，調整**滑鼠座標**。除了「像素」之外，其他單位是依照「影像尺寸」設定的解析度顯示。

選取尺標單位

選取尺標單位

使用尺標置入參考線

參考線是**編輯影像的參考輔助線**。按住滑鼠左鍵從尺標刻度往影像方向拖曳，即可建立參考線。列印時，不會顯示參考線，以其他影像格式存檔時，參考線會消失。

1 從尺標刻度開始拖曳

從尺標的刻度部分往影像上的基準位置拖曳，即可建立參考線。

POINT

如果在拖曳參考線的過程中，按下 `Alt` 鍵，可以讓參考線的方向變成垂直或水平。

1 從尺標刻度開始拖曳

2 置入參考線

在想要顯示參考線的位置放開滑鼠左鍵，即可顯示參考線。

「偏好設定」可以調整參考線的顏色（請參考下面的 TIPS）。

POINT

在拖曳參考線的過程中按下 `Shift` 鍵，可以靠齊（吸附）尺標的刻度。

2 置入參考線

3 拖曳改變參考線的位置

選取「移動工具」 ✛. 或按下 `Ctrl` 鍵，在游標變成 ▶ 的狀態靠近參考線，當游標變成 ✛ 之後可以拖曳改變位置。

3 使用「移動工具」拖曳，可以調整參考線的位置

TIPS 調整參考線的顏色與線條樣式

執行「編輯→偏好設定→參考線、格點與切片」命令（`Ctrl` + `K`），可以隨意設定參考線的顏色與線條。

「畫布」顏色可以設定參考線的顏色，「樣式」能設定線條的種類。

這個對話框也可以設定工作區域及智慧型參考線的顏色與樣式。

按一下會顯示檢色器

使用數值在精準的位置建立參考線

執行「檢視→參考線→**新增參考線**」命令，在對話框內輸入數值，即可建立水平或垂直參考線。如果你想在視窗上的指定像素位置建立參考線，可以使用這種方法。

執行「檢視→參考線→**新增參考線配置**」命令，設定欄、列、裝訂邊、邊界，可以繪製多條有規律性的參考線。設計網頁的網格排版時，這是很重要的功能。
將設定儲存成預設集即可重複使用。

將形狀轉換成參考線

利用選取的形狀也可以建立參考線。在「圖層」面板選取形狀（請參考 226 頁），執行「檢視→參考線→**從形狀新增參考線**」命令。
當你想沿著網頁按鈕或繪製的插圖建立參考線，使用這個功能就很方便。

靠齊／鎖定參考線

執行「檢視→靠齊」命令（Shift + Ctrl + [;]），可以讓「筆刷工具」 ∕. 或「筆型工具」 ∅. 的動作，或**移動選取範圍**時，**靠齊參考線**，即使筆型位置有些偏移，仍能靠齊參考線或格點等「靠齊對象」來繪製物件。
「**鎖定參考線**」（Ctrl + Alt + [;]）可以固定參考線，避免不小心移動。
這些命令只要再次執行選單，就可以解除勾選狀態。

> **TIPS　清除參考線**
>
> 執行「檢視→參考線→清除參考線」命令與執行「檢視→顯示或隱藏→參考線」命令（Ctrl + [:]）不同，前者是用來刪除已經建立的所有參考線。

利用智慧型參考線準確配置物件

開啟智慧型參考線之後,使用滑鼠拖曳物件的過程中,會自動在形狀、路徑、選取範圍等顯示當作基準的參考線,比較容易偵測物件之間的距離,或靠齊邊緣、中央。

顯示智慧型參考線

移動、拷貝物件(影像)時,會顯示智慧型參考線,以及**測量用的參考線、物件的中央線、畫布的中央線**。

選取其中一個圖層,並在未選取的圖層影像上按下 Ctrl 鍵,可以顯示**與選取圖層的距離**。將游標放在形狀的外側,按下 Ctrl 鍵,可以**顯示與畫布的距離**。按住 Alt 鍵不放並拷貝物件,即可顯示**與原始物件的距離**。

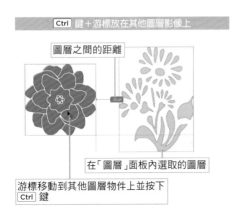

Ctrl 鍵 + 游標放在其他圖層影像上

圖層之間的距離

在「圖層」面板內選取的圖層

游標移動到其他圖層物件上並按下 Ctrl 鍵

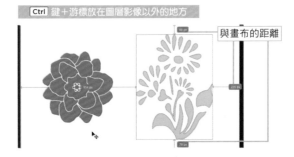

Ctrl 鍵 + 游標放在圖層影像以外的地方

與畫布的距離

按住 Alt 鍵不放並拖曳,可以顯示與原始物件的距離

物件的中央線

設定智慧型參考線的顏色

「偏好設定」對話框的「參考線、格點與切片」可以設定智慧型參考線的顏色。

> **POINT**
>
> 執行「編輯→偏好設定→工具」命令,在「顯示變形值」選單中,可以設定移動或變形時,顯示的測量參考線位置。

SECTION

2.6

使用頻率

執行「檢視→顯示或隱藏→格點」命令

顯示格點

格點是顯示成格子狀的輔助線，檢視照片構圖，或要精準編排影像時，這是很方便的功能，列印或儲存成其他檔案格式時，不會對影像本身造成影響。

顯示格點

① 執行「檢視→顯示→格點」命令

執行「檢視→顯示→格點」命令，就會顯示格點（ Ctrl + [@] ）。

② 顯示格點

畫面上會顯示格點。
執行「檢視→顯示或隱藏→格點」命令，可以切換顯示／隱藏格點。

POINT

執行「檢視→靠齊至→**格點**」命令，就會和前面說明的參考線一樣，移動「筆刷工具」 ✐ 、「筆型工具」 ✐. 或移動選取範圍時，能像磁鐵般靠齊格點。

顯示格點

TIPS **改變格點的顏色與間隔**

執行「編輯→偏好設定→參考線、格點與切片」命令，可以設定格點的顏色、間隔、線條種類。按一下「偏好設定」對話框的顏色方塊，開啟檢色器可以設定參考線及格點的顏色。

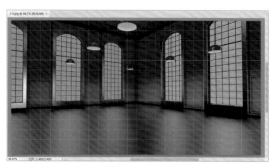

SECTION 2.7

使用頻率

使用尺標工具進行測量

使用「尺標工具」 ▱. 拖曳，畫面上會顯示不會被列印出來的直線。
在選取「尺標工具」 ▱. 的狀態下，繪製出來的直線將一直顯示在畫面上，並在「資訊」
面板顯示影像上的位置、長度、角度，你可以隨意移動、調整長度或角度。

使用「尺標工具」測量距離

① 拖曳出想測量的距離

選取**工具列中的「尺標工具」** ▱.（「滴管工具」的子工具）。

在想測量距離或角度的位置之間拖曳。

> **TIPS** 「度量記錄」面板
>
> Photoshop 具有「度量記錄」面板功能，可以把選取範圍、「尺標工具」的區域範圍、面積、圓周長度記錄下來。

❶ 使用「尺標工具」拖曳

② 在「資訊」面板顯示位置與距離

在「資訊」面板顯示角度、長度、寬度等資料。

❷ 顯示測量資料

起點的 X 軸值
起點的 Y 軸值

角度
長度
寬度
高度
工具的說明

▶ 繪製兩條線，測量角度與距離

畫出第一條測量線之後，在線條的端點按下 Alt 鍵，可以從該端點畫出另一條測量線。如果有兩條測量線，「資訊」面板就會顯示 L1、L2 兩條測量線的距離及角度。

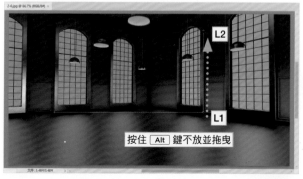

L2
L1

按住 Alt 鍵不放並拖曳

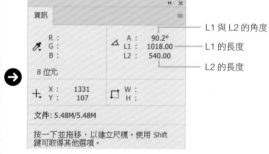

L1 與 L2 的角度
L1 的長度
L2 的長度

資訊面板

SECTION 2.8

使用頻率

資訊面板

記住「資訊」面板的內容

以「滴管工具」 🖊、「顏色取樣器工具」 ✸、「尺標工具」 ▭ 測量的資料，游標的位置座標，拖曳變形的距離或角度等數值，都會顯示在「資訊」面板中（[F8] 鍵）。使用「顏色取樣器工具」 ✸取得四個地方的顏色資訊也能顯示在「資訊」面板。

「資訊」面板的結構

執行「視窗→資訊」命令（[F8] 鍵），可以開啟「資訊」面板。這個面板會顯示滴管工具資料、游標位置、選取範圍的大小、顏色取樣資料、檔案大小等。

游標的 **XY** 座標

按一下 ✛，可以更改測量單位

像素
英吋
公分
✓ 公釐
點
1/6 英吋
%

顏色取樣資料

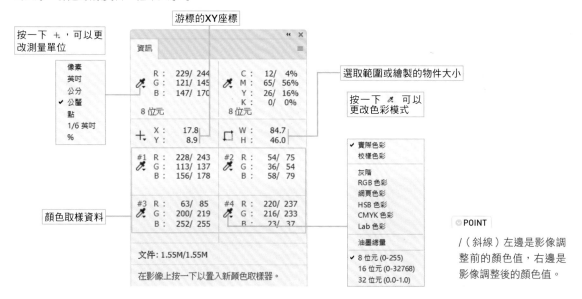

選取範圍或繪製的物件大小

按一下 ✸ 可以更改色彩模式

在面板選單執行「**面板選項**」命令，可以在「資訊面板選項」對話框設定第一個顏色、第二個顏色、滑鼠座標的單位。

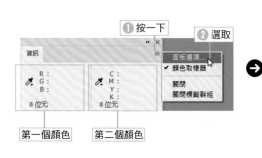

第一個顏色　　第二個顏色

❸ 設定

計算工具

在影像上進行計算

使用 Photoshop 的「計算工具」123，在影像上按一下，可以放置測量標記，這些標記會加上編號，能記錄影像內的物件數量，還可以建立計數群組，進行管理。

使用「計算工具」置入標記

使用「計算工具」123（「滴管工具」的子工具）每按一下，就會增加標記的數量，可以得知計數結果，工具選項列也會顯示計數內容。

建立計數群組，可以切換顯示或隱藏群組、設定顏色、標記尺寸。按下 Alt ＋按一下標記，即可刪除，將游標移動到標記左下方的，可以移動標記。

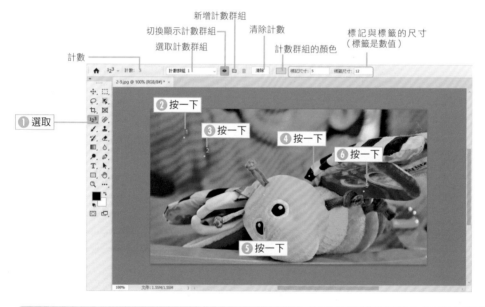

計數
選取計數群組
切換顯示計數群組
新增計數群組
清除計數
計數群組的顏色
標記與標籤的尺寸（標籤是數值）

① 選取
② 按一下
③ 按一下
④ 按一下
⑥ 按一下
⑤ 按一下

運用「顏色取樣器工具」與「資訊」面板

「資訊」面板可以顯示以**「顏色取樣器工具」** 取樣的四處像素資料。

使用「顏色取樣器工具」在影像上按一下，顯示取樣標記。該標記可以拖曳移動，按下 Alt ＋按一下（Mac 為 option ＋按一下）即可刪除標記。調整色階前後的取樣位置會以斜線顯示該部分的標籤。

調整前的值　調整後的值

3

掌握影像尺寸與顏色

縮小照片尺寸或調整照片範圍是經常執行的操作之一。

請利用本章學會把照片的 RGB 模式更改成其他色彩模式的方法，瞭解色彩模式的起源。

① SECTION 3.1

使用頻率
○ ○ ○

調整影像尺寸與解析度

使用數位單眼相機拍攝超過 2000 萬畫素的 L 尺寸影像，必須先調整尺寸，以符合用途。4K 電視約需要 800 萬畫素（3840×2160 像素），Instagram 需要 116 萬像素。Photoshop 可以輕易調整影像尺寸與解析度的粒子粗細。

▌調整影像尺寸

如果拍攝的影像過大，不適合上傳到社群媒體、以電子郵件傳送或當作網頁內容時，請先縮小尺寸再使用。執行「**影像→影像尺寸**」命令，可以調整影像解析度、寬度、高度，變成適合的尺寸。設計網頁或執行平面設計時，必須根據版面調整影像尺寸。

▶ 縮小像素尺寸

如果你有一張用數位相機拍攝的影像，尺寸為 1920×1278，想用在網頁設計上，這尺寸可能太大了。若是想以電子郵件傳送影像或上傳到社群媒體時，也會有檔案過大的問題。遇到這種需要縮小像素尺寸的情況，利用「**重新取樣**」進行影像補間，可能出現精細度低於原始影像的問題。

---

① 執行「影像尺寸」命令

執行「影像→影像尺寸」命令（ Alt + Ctrl + [I] ）。

假設為1920像素

---

② 輸入寬度

在「影像尺寸」對話框內，會顯示目前開啟中的影像寬度、高度、解析度、影像尺寸。

在「寬度」輸入像素數（400），單位為「像素」。**勾選「重新取樣」**，利用選單選取重新取樣的**補間方法**（請參考 312 頁），接著按下「確定」鈕。

按下「固定外觀比例」標記 ⌸，「高度」也會跟著改變。

固定長寬比的標記　② 輸入寬度

③ 勾選　④ 按下
勾選後，可以改變影像的像素數。

400像素

(3) 縮小影像

影像的像素尺寸縮小。

影像縮小之後，請依照使用目的儲存成 JPEG 或 PNG 等檔案格式（請參考 272 頁）。

> 變成寬度為400像素的影像

影像解析度

以下要比較尺寸相同，解析度分別為 72ppi 與 300ppi 的檔案大小（以下照片）。寬度皆為 58 公釐的檔案大小如下圖所示，右邊的 72ppi 影像出現鋸齒狀，影像解析度較差。

300ppi的影像

300ppi/58×38.6mm
檔案大小 915K

72ppi的影像

72ppi/58×38.6mm
檔案大小 52.4K

▶ 何謂影像解析度？

影像的**解析度是以 ppi（像素／英吋）為單位**，顯示一英吋（或公分）內有**多少像素**。網頁使用的 72ppi 影像是指一英吋的高度與寬度分別有 72 個像素，在一英吋（2.54 公分）平方內，有高度 72× 寬度 72，共 5184 個像素數（畫素數）。

300ppi的影像代表一英吋內有90000個畫素，畫質細膩適合用於商業印刷。

▶ 以不同紙張列印相同畫素數的影像

調整有著相同畫素數（約 37800）的影像（238×159px）尺寸，以滿版列印在大尺寸的紙張時，解析度較差。然而，滿版列印在較小的紙張上，可以呈現高解析度的結果。

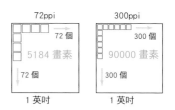

72ppi　　　300ppi

72 個
5184 畫素
72 個
1 英吋

300 個
90000 畫素
300 個
1 英吋

POINT

一般若要列印高品質的影像，需要 300ppi 的解析度，商用印刷需要 350ppi 的解析度。即使設定成更高的影像解析度，人類的肉眼也無法分辨差異。

解析度 144ppi
寬度 42× 高度 27.98 公釐

解析度 300ppi
寬度 20.15× 高度 13.46 公釐

像素尺寸一樣，當縮小列印尺寸後，在小範圍內包含一樣數量的像素，可以呈現出畫質較細緻的影像

▍「影像尺寸」對話框內的設定項目

在「影像尺寸」對話框中，可以設定影像的像素數、影像尺寸、影像解析度。
設定時，必須先瞭解使用的單位、是否執行重新取樣以及取樣方法。

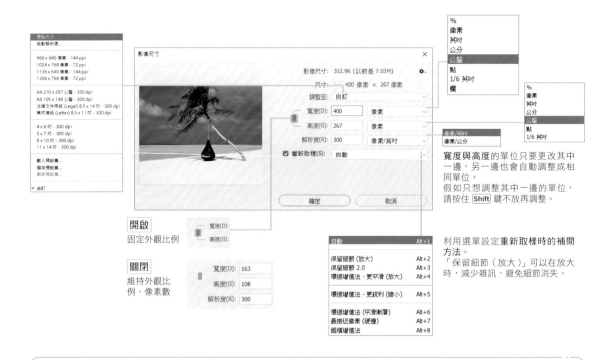

TIPS 平滑放大影像

Photoshop 使用的演算法可以盡量避免增加影像像素時，畫質變差的問題。「重新取樣」的「保留細節（放大）」能維持放大後的影像細節，此選項可以利用「減少雜訊」滑桿，減少放大影像時的雜訊。

▍可以在各種紙張列印出清晰結果的影像尺寸

依據不同的列印目的，如家用噴墨印表機、商用印刷等，想印出優質的效果，必須依照不同紙張尺寸，選擇適合的影像大小及解析度。

一般家用噴墨印表機需要的解析度是 200 ～ 300ppi，商用印刷是 350 ～ 400ppi。

印表機	需要的解析度	列印尺寸（公釐）	畫素數（像素）	影像像素尺寸
家用印表機	300ppi	L 尺寸（89 ×127）	157 萬 6500	1051×1500
家用印表機	300ppi	明信片（100×148）	206 萬 4388	1181×1748
家用印表機	300ppi	A4（210×297）	869 萬 9840	2480×3508

SECTION

3.2

使用頻率

● ● ●

執行「影像→版面尺寸」命令

調整版面尺寸

SECTION 3.1 調整了影像尺寸與解析度，這次要學習如何放大或縮小影像的區域（版面尺寸）。執行「影像→版面尺寸」命令即可進行調整。

調整版面尺寸（影像的區域）

版面尺寸是指影像的區域（上下與左右的寬度）。為了置入其他影像，必須往上下左右調整區域時，可以設定從基準位置開始放大或縮小版面的的方向。這個功能與裁切類似，但是裁切只能縮小顯示尺寸，這個操作也可以放大顯示尺寸。

① 執行「版面尺寸」命令

執行「影像→版面尺寸」命令（ Alt ＋ Ctrl ＋ [C]）。

② 設定尺寸

在「版面尺寸」對話框中，顯示了目前的寬度與高度。

在寬度與高度輸入更改後的版面尺寸。這個範例輸入了較大數值，同時擴大寬度與高度。

錨點是設定縮放的基準位置。

「版面延伸色彩」可以設定擴大區域的顏色。

> **⊘ POINT**
>
> 假如要更改成網頁用的影像尺寸，單位請選擇「像素」。

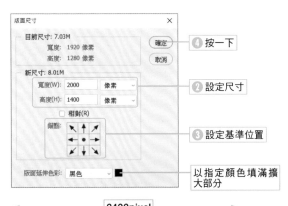

③ 版面尺寸變大

從基準位置（這個範例是中心）往上下、左右放大版面尺寸（黑色部分）。

影像大小不變，版面變大後產生的留白會以「版面延伸色彩」設定的色彩填色。

2400pixel

1400pixel

雙色調、灰階、RGB、CMYK、Lab

色彩模式

Photoshop 必須依照影像的使用目的或處理方法，如列印或顯示在螢幕上等，分別使用適合的色彩模式，請記住以下五種色彩模式。

五種色彩模式

Photoshop 可以開啟、編輯以下五種色彩模式的影像，還能從目前的色彩模式轉換成其他色彩模式。
以下將先分別說明每種色彩模式。

▶ RGB 色彩

RGB 色彩是數位影像最常用的色彩模式。數位相機儲存的影像、電腦的螢幕、智慧型手機的畫面、電視等是以**光的三原色（紅、綠、藍）**為基礎，利用加色法來呈現色彩。

使用 Photoshop 開啟 RGB 色彩的影像時，「色版」面板會出現 **RGB 三種顏色的色版**，以重疊三種光的方式來表現色彩。

RGB 模式

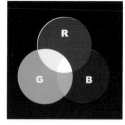

RGB色彩影像

Red色版

Green色版

Blue色版

顯示在影像視窗標題列的（RGB/8#），代表這是 8 位元的 RGB 影像。

在標題列顯示色彩模式與位元數

3-2.jpg @ 66.7% (RGB/8#) ✕

◉POINT

8 位元是指以 2 的 8 次方呈現 256 色。RGB 的每個色版可以表現 256 色階，
在螢幕上能呈現 R（256 色）× G（256 色）× B（256 色）共 1670 萬色。

RGB 包括 **sRGB**、**Adobe RGB**、**Apple RGB** 等規格，有各自專屬的色域，其中 Adobe RGB 擁有最廣的色域。

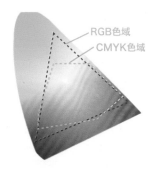
RGB色域
CMYK色域

▶ CMYK 色彩

CMYK 色彩是以 C（青）、M（洋紅）、Y（黃）、K（黑）等**四種油墨顏色**表現色彩，進行彩色印刷時，**利用減色法**對應各個印刷版的**色彩模式**。

將數位相機載入的 RGB 影像轉換成 CMYK 色彩模式時，會以近似色取代 CMYK 無法呈現的顏色，因此**顏色看起來比 RGB 暗沉**。

CMYK 模式

▶ 灰階

灰階影像一般稱作黑白影像，是沒有色彩的影像，灰階影像只有一個灰階色版（256 色階），RGB 色彩或 CMYK 色彩可以轉換成灰階色彩。

▶ Lab 色彩

Lab 色彩是 1931 年由國際機構 Commission International d'Eclairege（CIE）制定，以顏色座標為基礎的色彩模式。由亮度、明度的構成元素（L）、綠到紅的構成元素（a）、藍到黃的構成元素（b）等三個座標軸定出顏色。

Lab 色彩的色域比螢幕、印表機、人類的感知還廣，適合用於在不同系統的電腦上傳送影像，或以 PostScript 等級 2 以上的印表機輸出等情況。

▶ 點陣圖

對灰階影像執行「影像→模式→點陣圖」命令，可以轉換成由白、黑兩種顏色構成的影像，無法建立圖層或色版。

將彩色影像貼至點陣圖模式的影像時，會自動轉換成加上混色效果的影像再貼上。

▌轉換色彩模式

執行「影像→模式」命令，可以選擇你想轉的色彩模式。
無法轉換的色彩模式不能選取。

選取你要轉換的色彩模式

▌建立新文件時選取色彩模式

建立新影像時，可以從五種色彩模式中選取其中一種。
請依照製作影像的目的，選取適合的色彩模式。

新增文件時，選取色彩模式

轉換成 CMYK 色彩

CMYK 色彩是以四種顏色（青、洋紅、黃、黑）呈現印刷品的色彩模式。數位相機的影像、螢幕照片屬於 RGB 模式，若要用於商業印刷，則必須轉換成 CMYK 模式。

RGB 色彩轉換成 CMYK 色彩

以掃描器掃描或數位相機拍攝的影像屬於 RGB 影像，若要將 RGB 影像當作商業印刷分版輸出，必須轉換成 CMYK 模式。

執行「影像→模式→ CMYK 色彩」命令，將影像轉換成 CMYK 模式，「色版」面板會顯示 **CMYK 四個色版**。

由 RGB 轉換成 CMYK 時，將依照 Photoshop 定義的轉換表，把 RGB 的像素值轉換成 CMYK 值。RGB 的色域比 CMYK 廣，所以 CMYK 無法正確表現出 RGB 色彩。

RGB有三個色版，轉換成CMYK色彩之後，變成四個色版，資料量也會增加。

> **POINT**
>
> 先執行「檢視→校樣設定→使用中的 CMYK」命令，再執行「檢視→校樣色彩」命令，可以確認畫面上轉換成 CMYK 後的狀態。

> **POINT**
>
> 執行「檔案→自動→批次處理」命令，指定檔案夾，設定轉換成 CMYK 的動作（請參考 295 頁），可以將特定檔案夾內的多個檔案一次轉換成 CMYK 模式。

TIPS　自訂 CMYK 的分版方法

將 RGB 色彩轉換成 CMYK 的四色模式時，可以自訂顏色的用法，同樣的黑色可以選擇要加強K（墨版），或加強使用CMY等三色來表現黑色。

執行「編輯→顏色設定」命令，在「使用中色域」的「CMYK」選擇「自訂 CMYK」，開啟對話框，分色選項可以設定「黑版產生」、「黑版油墨限量」、「全部油墨限量」的數值（詳細說明請參考 324 頁「自訂 CMYK」。

TIPS　轉換成 Lab 色彩模式

Lab 色彩模式是由明度（L）、綠 - 紅（a）、藍 - 黃（b）的三軸空間構成的色彩模式。

Lab 色彩模式的色域最廣，將 RGB 轉換成 CMYK 或反向轉換模式時，會在 Photoshop 內部以 Lab 模式進行轉換。換句話說，RGB 或 CMYK 轉換成 Lab 的過程中，不會產生顏色劣化的問題。

執行「影像→模式→雙色調」命令

以雙色調轉換成宛如寫真集的黑白影像

使用單色黑（K 版）與另一種顏色的雙色調列印黑白寫真集，可以完成更有深度的作品。雙色調不僅可以設定雙色油墨，還能設定四色油墨。

▍轉換成雙色調

灰階影像是以 256 色階呈現色彩，而雙色調可以新增三個特別色色版，擴大顏色範圍。想以雙色列印灰階影像時，可以使用這個模式。

① 選取雙色調

彩色影像要先將色彩模式轉換成灰階。

接著執行「影像→**模式→雙色調**」命令。

在「雙色調選項」對話框的種類中，選取「雙色調」。

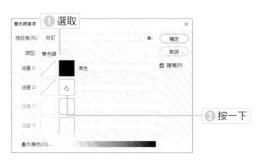

② 選擇色彩

按一下「油墨 2」的顏色方塊，在「色彩庫」對話框中選擇顏色（這個範例選擇 DIC 顏色參考）。

> **POINT**
>
> 執行「編輯→偏好設定→一般」命令，「檢色器」設定為「Adobe」，在 Adobe 格式的顏色設定對話框中選取「色彩庫」，可以選擇 **DIC** 或 **PANTONE** 等印刷用的特別色。

③ 調整雙色調

在「雙色調選項」對話框，按一下顏色左邊的方塊，開啟「雙色調曲線」對話框。

請視狀況調整曲線形狀。

④ 套用雙色調

完成所有設定後，按下「確定」鈕，影像就會變成雙色調。

何謂 8 位元 / 16 位元 / 32 位元色版？

一般而言，數位相機拍攝的照片是 8 位元影像，而 RGB 色彩的 8 位元影像是由 256 色 ×RGB 的三個色版來呈現。Photoshop 可以將影像處理擴大成 16 位元，執行更精密的處理。

擴大、編輯 16 位元／色版

一般數位影像含有 **8 位元**，亦即 **2** 的 **8** 次方共 **256** 階的色彩資訊，而 **16 位元**影像可以呈現 **2** 的 **16** 次方，亦即 **65536** 階的色彩資訊。

過去 Photoshop 的 16 位元影像只能使用部分工具或功能，但是現在卻成為執行調整圖層等主要編輯時的必備功能。

如果對 8 位元影像套用本書 CHAPTER 9 解說的「色階」，由於水平軸為 256 色，執行調整之後，色階分佈圖會出現**色調分離**的缺損狀態，但是若轉換成 16 位元影像再處理，就不會發生這個問題。

16 位元／色版適合處理色調微妙的漸層或自然影像，可以避免 8 位元／色版發生色調分離（跳階）現象，防止影像畫質變差的問題。

如果要儲存成 PSD 或 EPS 格式，必須以 **16 位元**處理後，再恢復成 **8 位元影像**。

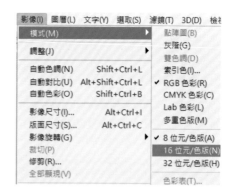

TIPS **Raw 檔影像能以 16 位元執行處理與載入**

使用 Camera Raw 開啟 RAW 格式影像，色彩深度可以選擇 16 位元／色版。以 16 位元／色版處理 Raw 影像時，能執行更精細的影像處理。

開啟「Camera Raw」對話框，在「Camera Raw 偏好設定」對話框的「工作流程」畫面中，設定 Camera Raw 的色彩深度。

TIPS **32 位元／色版**

HDR 影像包含超過 16 位元／色版的亮度色階資料。Photoshop 可以執行曝光度、對比等調整，把 32 位元／色版的 HDR 影像轉換成 8 或 16 位元／色版。「HDR 色調」對話框可以調整亮度與對比。

32 位元影像的資料量非常多，處理負擔重，可以使用的功能也受限，通常不會使用。

CHAPTER

建立選取範圍與遮色片的方法

如果要調整或編修照片中的局部顏色，必
須先建立選取範圍。Photoshop 針對選取
方法準備了各種工具，包括自動選取人或
動物，或利用游標就能選取物件的物件選
取工具，非常方便。

選取範圍與遮色片

如果想在部分影像套用編輯效果,可以先在 Photoshop 建立選取範圍再執行操作。選取範圍並非只分成選取與非選取,還可以建立含色階的選取範圍。選取範圍是套用效果的部分,因此選取範圍以外的部分稱作遮色片,代表該範圍受到保護。

何謂選取範圍

選取範圍是影像上的局部範圍,可以對影像執行部分處理,包括調整色調或套用濾鏡。一般而言,選取範圍是由**封閉虛線**包圍。

建立選取範圍後,可以針對選取範圍執行變形、濾鏡、色調調整等各種處理。

以虛線顯示的選取範圍

選取用的工具

選取範圍的色階、遮色片、Alpha 色版

以矩形或橢圓選取畫面工具等建立選取範圍時,會產生選取框(虛線)內外的選取像素與未選取像素(遮色片)。Photoshop 能**以 256 階顯示選取與未選取範圍**,而不是以 0 或 100% 表示選取像素與未選取像素。例如,選取 50% 的像素時,只會套用 50% 的效果,若以黑色 100% 填色,結果會變成黑色 50%。

▶ 未選取範圍稱作遮色片

建立選取範圍之後,可以將調整或繪畫等編輯操作套用在選取範圍內。**選取範圍以外的部分稱作「遮色片」**,屬於**避開調整或繪畫等編輯操作的區域**,就像在臉部戴上口罩,可以保護口罩底下的部分,避免吹風或被病毒侵襲。

▶ Alpha 色版

Alpha 色版**可以當作「遮色片」**,保護部分影像的色版。建立 Alpha 色版,在 RGB 或 CMYK 的色版底下,就會顯示遮色片的 Alpha 色版(請參考 75 頁)。

建立矩形或橢圓形的選取範圍

工具列的「矩形選取畫面工具」[]，子選單中有四個選取工具，長按工具按鈕即可顯示子選單，你可以從中選擇適合的選取工具。

使用「矩形選取畫面工具」建立選取範圍

選取「矩形選取畫面工具」[]，在影像內**拖曳出矩形對角線**，可以建立矩形選取範圍。

拖曳之前，可以在工具選項列設定消除鋸齒、羽化、大小等選項（請參考下一頁）。

拖曳出對角線的選取範圍

建立橢圓形選取範圍

使用「橢圓選取畫面工具」○，拖曳，建立橢圓形選取範圍。

> **POINT**
>
> 按住 Shift 鍵不放並拖曳，可以建立**正方形或正圓形選取範圍**。

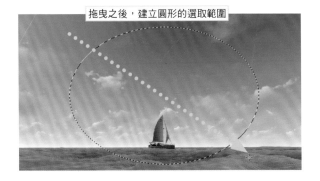

拖曳之後，建立圓形的選取範圍

▶ 從中心開始建立選取範圍

如果想**從矩形或圓形的中心開始**建立選取範圍，開始拖曳後，要立刻按下 Alt 鍵（Mac 為 option 鍵）。

此時，若再按下 Shift 鍵，可以從中心開始建立正圓形或正方形的選取範圍。

利用 Alt ＋拖曳，從中心開始建立選取範圍

選取工具的選項

選取各種選取工具之後，工具選項列會顯示該選取工具的設定項目。

▶ 羽化

建立選取範圍時，模糊選取邊緣，效果和執行
「選取→修改→羽化」命令一樣。

▶ 消除鋸齒

建立選取範圍時，讓曲線、斜線的選取邊緣變平滑。

在文字上拖曳，設定數值。　　讓選取邊緣變平滑

設定選取範圍邊緣的模糊程度

▶ 樣式

可以選擇「正常」、「固定比例」、「固定尺寸」。如果想建立寬度5：高度3的影像範圍，選擇「固定比例」；若想建立高度800像素的選取範圍，可以選擇「固定尺寸」，設定數值。

固定比例為寬度5：高度3

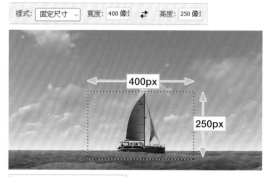

固定尺寸為400×250像素

取消選取範圍

若要取消（解除）之前建立的選取範圍，可以使用任何一種選取工具，在視窗上的任意位置按一下。記住執行「選取→取消選取」命令的快速鍵 Ctrl + [D]，即可立即取消選取範圍。

再次選取之前的選取範圍

取消選取範圍，再次使用選取工具選取其他區域之前，執行「選取→重新選取」命令（Shift + Ctrl + [D]），可以再次選取已經取消的選取範圍。

套索工具・多邊形套索工具

建立概略的選取範圍

如果想建立任意形狀的概略選取範圍，可以使用「套索工具」　.　或「多邊形套索工具」　.　。

▌使用「套索工具」建立選取範圍

如果想選取不特定形狀的概略範圍時，可以使用「套索工具」　.　。**拖曳範圍會變成選取範圍。**

1 拖曳選取範圍

使用「套索工具」　.　拖曳想選取的範圍，能以不特定形狀建立概略的選取範圍。

◎POINT

在選取「套索工具」的狀態下，按住 Alt 鍵不放並選取，可以減去選取範圍，非常方便。

❶ 拖曳想選取的範圍

2 連接起點與終點

在非拖曳起點的位置停止拖曳時，會從該處連接起點，建立選取範圍。

❷ 連接起點與終點

▌使用「多邊形選取工具」選取範圍

「多邊形選取工具」　.　會以**直線連接各個點擊處**，在終點按兩下，即可連接起點。

◎POINT

在選取「多邊形選取工具」　.　的狀態下，按住 Alt 鍵並拖曳，能和「套索工具」　.　一樣減去選取範圍。

在終點按兩下，即可連接起點，建立選取範圍

磁性套索工具

拖曳自動建立選取範圍

選取對比清楚的影像時，使用「磁性套索工具」，可以得到很好的效果。如同以下範例，只要在人物與背景之間的邊界拖曳，即可自動建立選取範圍。

① 按一下邊界起點並拖曳

在界線分明的影像邊緣按一下。

維持這個狀態，不按滑鼠左鍵直接拖曳，即可**辨識影像邊緣建立固定點**，自動以線條連接各點。

固定點

② 直接沿著邊緣拖曳，不按滑鼠左鍵

① 在起點按一下

③ 在起點按一下，剛才辨識的影像邊緣就會變成選取範圍

② 自動以線條連接邊緣

在起點按一下，或在中途按兩下，就會連接起點建立選取範圍。

按住 Alt 鍵（Mac 為 option 鍵）不放並按一下，能以直線連接各點。

沿著邊緣建立選取範圍

▶ 「磁性套索工具」的選項

依照影像的複雜程度，調整選項列的設定值，可以順利建立選取範圍。頻率值愈大，固定點愈多，建立的選取範圍愈精密。

從選取範圍中減去

新增選取範圍

讓鋸齒效果變平滑

設定路徑的邊緣對比

設定在路徑新增固定點的頻率

利用筆壓更改筆的寬度

羽化：0 像素　☑ 消除鋸齒　寬度：10 像素　對比：10%　頻率：57　選取並遮住...

增加至選取範圍

模糊邊緣

與選取範圍相交

在文字上拖曳，設定數值（所有數值選項）。

設定路徑與邊緣的距離

請參考68頁

SECTION

4.5

使用頻率
● ● ●

魔術棒工具、快速選取工具

自動選取顏色範圍

「魔術棒工具」 ✨ 可以自動選取與點擊處相似的顏色範圍。工具選項列的「容許度」能設定當作選取基準的顏色範圍。

使用「魔術棒工具」建立選取範圍

❶ 按一下

① 選取基準色

「魔術棒工具」✨ 可以自動選取點擊處附近的顏色範圍，是很方便的工作。請在你想選取的顏色按一下。

假如無法順利選取，請調整工具選項列的「**容許度**」再選取。

容許度：32 　 ☑ 消除鋸齒 　 ☑ 連續的

② 自動建立選取範圍

② 自動選取相似色的顏色範圍

按一下之後，自動選取與該處顏色相似，在容許度範圍內的顏色。

假如想擴大選取範圍，請按住 Shift 鍵不放，並按一下選取範圍外側。

或者，按一下工具選項列的「增加至選取範圍」 ▫，也可以擴大選取範圍。

▶「魔術棒工具」的選項列設定

工具選項列可以設定容許範圍或當作對象的圖層等，這裡最重要的項目是「連續」（請參考下頁），關閉「連續」，可以選取顏色不連續的部分。

從選取範圍中減去
新增選取範圍

設定取樣時的範圍
只取樣相鄰的像素

自動選取影像內的主要物件
請參考68頁

點狀標本
3 x 3 平均像素
5 x 5 平均像素
11 x 11 平均像素
31 x 31 平均像素
51 x 51 平均像素
101 x 101 平均像素

🏠 ✨ ∨ ▢ 🗗 🗗 🗗 　 樣本尺寸：點狀標本 ∨ 　 容許度：16 　 ☑ 消除鋸齒 ☑ 連續的 ☐ 取樣全部圖層 　 選取主體 ∨ 　 選取並遮住...

增加至選取範圍　　與選取範圍相交　　讓鋸齒效果變平滑　　以所有圖層為對象

▶ 利用「容許度」設定顏色範圍

在「魔術棒工具」的選項列中,「容許度」是以數值(0～255)設定與選取顏色的相似程度。

數值愈大,選取範圍愈廣。

▶ 消除鋸齒

勾選「消除鋸齒」可以讓選取範圍變平滑。

容許度: 30　容許度較低,選取範圍窄

容許度: 60　增加容許度,可以擴大選取範圍

> **TIPS** 只選取一個顏色
>
> 假如只想選取一個顏色,請將「容許度」設定為 0。設定成 1,會選取相鄰且顏色不同的選取範圍。

▶ 取消「相鄰」可以選取不相鄰的區域

勾選「相鄰」,只會**把相鄰的範圍當作選取對象**,取消勾選,不相鄰的影像範圍也會變成選取對象。

假如想選取不相鄰但顏色相同的範圍,請取消這個項目。

☑ 連續的　　　　　　□ 連續的

不相鄰的部分也會被選取。

▶ 多個圖層

如果有多個圖層,勾選「取樣全部圖層」之後,所有圖層都會成為選取對象。

▌快速選取工具

「快速選取工具」 是以設定的筆刷拖曳選取範圍之後,辨識選取邊界,**在外側建立相同的辨識範圍**。

從選取範圍中減去

新增選取範圍

增加至選取範圍　　筆刷尺寸與種類

❶ 拖曳　　　　　　　　❷ 更改筆刷尺寸再拖曳

SECTION 4.6

使用頻率

移動選取範圍與移動影像

我們可以移動已經建立的選取範圍。假如選取範圍的大小與形狀符合你的要求，但是位置不對時，可以移動選取範圍，不需要重新建立選取範圍。

如果希望選取範圍的影像與其他部分重疊，可以移動選取範圍的影像。

移動選取範圍

1 將游標移到選取範圍內

如果要移動選取範圍，在選取其中一種選取工具的狀態下，把**游標移動到選取範圍內**。

POINT

移動的過程中，會顯示移動標記、智慧型參考線。

❶ 將游標移動至選取範圍內

2 拖曳移動選取範圍

當游標變成 ▸꞉ 後直接拖曳。拖曳後立刻按下 Shift 鍵，就能以 45 度為單位，限制移動方向。

POINT

你也可以將選取範圍拖曳移動到其他 Photoshop 視窗。

❷ 拖曳移動選取範圍　　　　顯示移動距離

TIPS 利用方向鍵移動一個像素

在選取影像的狀態，按下 ← → ↑ ↓ 鍵，可以一個像素一個像素往箭頭方向移動影像。

▸ + ← → ↑ ↓ 鍵是一個像素一個像素移動影像，而 ▸ + Alt + ← → ↑ ↓ 鍵是一個像素一個像素的拷貝影像。

移動選取的影像

① 將游標放在選取範圍內

① 選取移動工具

建立選取範圍後，選取「移動工具」 ⊕，並將
游標放在選取範圍內。

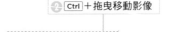

② Ctrl ＋拖曳移動影像

② 拖曳選取範圍內的游標

將游標拖曳到目標位置。或者把游標放在選取
範圍內，按下 Ctrl 鍵（Mac 為 ⌘ 鍵），當
游標變成 ▶ꭗ，再直接拖曳。

> **POINT**
>
> 如果移動的是「背景圖層」的影像，會以背
> 景色填滿移動後的部分。
> 若是一般圖層，該部分會變透明或顯示出底
> 下的圖層影像。
> 「內容感知移動工具」可以讓剪裁部分與背
> 景融合，這個部分請參考 183 頁的說明。

TIPS 按下 Ctrl 鍵切換成「移動工具」

不論選取哪種工具，在按下 Ctrl 鍵（Mac 為 ⌘ 鍵）的期間，游標都會變成 ▶ꭗ，可以移動選取範圍。不過筆類工具與形
狀繪製工具在按下 Ctrl 鍵時，游標會變成 ▷ 或 ▶。

TIPS 以快速遮色片模式編輯

建立選取範圍，按下工具列的「以快速遮色片模式編輯」 ▢，
非選取範圍會顯示成半透明的紅色遮色片，「圖層」面板中的圖
層也會變成紅色。

在此狀態可以**塗抹、編輯遮色片範圍**。以黑色塗抹，能增加遮
色片區域（受保護的範圍），用白色塗抹，可以解除遮色片區域（選
取範圍）。

再次按下 ▢，解除快速遮色片模式，就能瞭解已經更改了選取
範圍。

① 按一下　　**②** 以紅色顯示遮色片範圍

③ 塗抹、編輯遮色片

SECTION
4.7

使用頻率
● ● ●

擴大、刪除選取範圍

選取比較複雜的影像範圍時，可以使用合適的選取工具擴大或刪除選取範圍。
Photoshop 提供了多種調整選取範圍的方法。

增加選取範圍

我們可以在已經建立的選取範圍中，增加其他選取範圍。

① 選擇適當的選取工具並按下 Shift 鍵

使用選取工具選取影像範圍。
右邊的照片使用「套索工具」♀.（請參考 59
頁）建立選取範圍。

① 建立選取範圍

② 選取要增加的選取範圍

按下 Shift 鍵，游標變成 +（各個選取工具的
游標會加上＋符號）。
按一下或拖曳要增加的選取範圍。
按下工具選項列的「增加至選取範圍」，也
可以增加選取範圍。

② Shift ＋按一下或拖曳，
建立選取範圍

③ 增加選取範圍

擴大選取範圍，完美選取左邊的花朵。

③ 增加了選取範圍

取消部分選取範圍

① Alt ＋按一下或拖曳，建立選取範圍

原本的選取範圍

① Alt 鍵＋拖曳（按一下）要取消的部分

如果要**取消選取範圍內多餘的部分**，請按住 Alt 鍵（Mac 為 option 鍵）不放，拖曳包圍要取消的部分（「套索工具」）。

在按下 Alt 鍵的期間，游標右下方會顯示 - 符號。

○ POINT

按下工具選項列的 🔲 再選取，也可以取消選取範圍。

② 取消選取範圍

建立重疊的選取範圍

我們可以把目前的選取範圍，與之後建立的選取範圍重疊部分變成選取範圍。

① 建立選取範圍

使用選取工具建立選取範圍（影像右半部分）。

② 選取「與選取範圍相交」 🔲

按下工具選項列的「與選取範圍相交」 🔲，使用任何一種選取工具建立選取範圍。這個範例使用了「橢圓選取畫面工具」。

② 拖曳重疊範圍

W：872 px
H：864 px

① 建立選取範圍

③ 重疊部分變成選取範圍

兩個選取範圍重疊的部分變成選取範圍。
按住 Shift ＋ Alt 鍵（Mac 為 Shift ＋ option 鍵）不放並拖曳，也可以建立重疊的選取範圍。

③ 兩個選取範圍重疊的部分變成選取範圍

SECTION

4.8

使用頻率

調整選取範圍

執行「選取→修改」命令或使用「選取並遮住」，可以進行各種調整與變更，包括修改選取範圍的邊界、擴張或縮減選取範圍、改變預視方式、調整邊緣等。

修改選取範圍的邊界

執行「選取→**修改**」命令，利用**子選單**內的「邊界」、「平滑」、「擴張」、「縮減」、「羽化」，可以更改選取範圍的形狀。

邊界

平滑

擴張

反轉選取範圍

從比較容易選取的部分著手，如人物、建築物、物品、背景等，再反轉選取範圍，可以更快速建立你想要的選取範圍。

① 建立選取範圍

使用其中一種選取工具建立選取範圍。

② 執行「選取→反轉」命令

在顯示選取範圍的狀態下，執行「選取→**反轉**」命令（ Ctrl + Shift ）。

③ 反轉選取範圍

反轉選取範圍與非選取範圍的部分，原本選取的部分排除在選取範圍之外，而非選取範圍的部分變成選取範圍。

① 建立選取範圍

② 反轉選取範圍，變成選取背景

使用選取並遮住調整

對已經建立選取範圍的影像執行「選取→**選取並遮住**」命令，可以調整選取範圍的顯示模式，或改變預視方法、選取邊緣。

使用選取類工具時，按下工具選項列的「選取並遮住」，也可以開啟該畫面。

◎POINT

選取「圖層」面板中的遮色片縮圖，按下「內容」面板中的「選取並遮住」，也可以開啟該畫面。

使用筆刷增加或刪除調整區域。

設定筆刷的種類、尺寸、硬度等。

選擇選取範圍的顯示方法

選取後會重置設定。

顯示偵測到邊緣時的邊界。

顯示原始選取範圍。

即時更新預視。

以高品質顯示預視，不過有時反應會變遲鈍。

設定預視透明部分的不透明度。

載入、儲存、刪除預設集。

儲存設定，可以使用於其他影像。

重置設定，恢復預設狀態。

讓邊緣變平滑或模糊 調整對比，或往內或外移動邊緣。

以相鄰的像素顏色取代色差（影像邊緣多餘的部分）。

設定影像輸出至何處（新圖層等）

▶工具鈕

工作區左邊的工具鈕如下所示。

- 快速選取工具
- 調整邊緣筆刷工具
- 筆刷工具
- 物件選取工具
- 套索工具
- 手形工具
- 縮放顯示工具

SECTION

4.9

顏色範圍、連續相近色、相近色、焦點區域

選取特定顏色或區域

使用頻率

除了形狀也能以特定的顏色範圍或色域建立選取範圍。以下將說明「顏色範圍」、「連續相近色」、「相近色」、「焦點區域」的用法。

選取特定顏色（顏色範圍）

執行「選取→顏色範圍」命令，可以**選取影像內的特定系統色**。

1 開啟「顏色範圍」對話框

執行「選取→顏色範圍」命令，開啟「顏色範圍」對話框。

選取(S)　濾鏡(T)　3D(D)　檢視(V)	
全部(A)	Ctrl+A
取消選取(D)	Ctrl+D
重新選取(E)	Shift+Ctrl+D
反轉(I)	Shift+Ctrl+I
全部圖層(L)	Alt+Ctrl+A
取消選取圖層(S)	
尋找圖層	Alt+Shift+Ctrl+F
隔離圖層	
顏色範圍(C)...	

❶ 選取

2 設定顏色系統

使用對話框內的「滴管工具」 ✐，按一下影像視窗內想選取的部分。預視的白色部分是選取範圍，黑色部分為非選取範圍。

假如想增加選取範圍，請使用「增加至樣本」鈕 ✐，在想新增的部分按一下。另外，在「選取」下拉式選單中，設定顏色系統，可以自動選取設定範圍內的色域。

在「選取」設定「皮膚色調」，可以快速選取臉孔、膚色。　　更精確地設定多個色域。

顏色範圍

選取(C)：　樣本顏色

□ 偵測臉孔(D)　□ 當地化顏色叢集(Z)

朦朧(F)：　55

範圍(R)：　　　　%

預視

● 選取範圍(E)　○ 影像(M)

選取範圍預視：　無

確定

取消

載入(L)...

儲存(S)...

增加至樣本

從樣本中減去

□ 負片效果(I)

❸ 按一下

❷ 在影像上按一下，設定色域

無
灰階
黑色邊緣調合
白色邊緣調合
快速遮色片

TIPS 「朦朧」滑桿

「選取」預設集若選取「樣本顏色」以外的色彩，無法設定「朦朧」滑桿。

TIPS 皮膚色調、偵測臉孔

在「選取」預設集中，選取「皮膚色調」並調整「朦朧」滑桿，可以輕鬆選取人物的肌膚部分。開啟「偵測臉孔」能輕易偵測出人臉。

連續相近色

① 使用「魔術棒工具」選取顏色

使用「魔術棒工具」🪄 按一下要選取的影像。

② 執行「連續相近色」命令

執行「選取→連續相近色」命令。

① 使用「魔術棒工具」按一下選取該範圍

③ 增加至選取範圍

自動選取與目前選取範圍相近的同系色，增加至目前的選取範圍，無法選取不相鄰的同系色。

> **POINT**
>
> 「魔術棒工具」在工具選項列設定的「容許度」也會影響「連續相近色」。假如想在目前的選取範圍內增加相近色，請縮小「容許度」的數值，若想以較廣的範圍新增同系色，可以設定成較大的數值。

② 擴大選取範圍

相近色

執行「選取→**相近色**」命令，可以得到和「連續相近色」一樣的效果，但是「連續相近色」是選取相鄰的相近色，而「相近色」可以**選取不相鄰的相近色**。

① 執行「相近色」命令

使用「魔術棒工具」🪄 按一下建立選取範圍，接著執行「選取→相近色」命令。

> **POINT**
>
> 這個範例勾選了工具選項列的「相鄰」，所以只會選取相鄰的像素。

① 使用「魔術棒工具」按一下建立選取範圍

② 選取不相鄰的相近色

我們也可以選取與目前選取範圍不相鄰的相近色。

在「魔術棒工具」的工具選項列，可以利用「容許度」設定擴張的顏色範圍。

② 同時選取不相鄰的相近色

焦點區域

執行「選取→**焦點區域**」命令，可以選取影像內的焦點區域或像素。

① 執行「焦點區域」命令

執行「焦點區域」命令

開啟影像，執行「選取→**焦點區域**」命令，開啟「焦點區域」對話框，自動選取影像內的焦點區域。

① 執行「選取→焦點區域」命令

勾選這個項目，可以自動計算焦點範圍

焦點區域新增工具
焦點區域消去工具

② **調整焦點範圍**

往右拖曳**焦點範圍**的滑桿，可以擴大焦點範圍，往左拖曳，能縮小焦點範圍（最右邊會顯示全部影像）。

③ 邊檢視預視狀態，邊調整焦點範圍

○ POINT

影像的雜訊多，使得選取範圍也比較多時，可以調整「進階」的「影像雜訊層級」。

③ **手動調整焦點區域**

使用對話框中的「**焦點區域新增工具**」 拖曳影像範圍可以增加焦點區域，以「**焦點區域消去工具**」 拖曳影像範圍能刪除焦點區域。

④ 在影像上拖曳，增加、刪除焦點範圍

④ **輸出選取範圍**

在對話框中，**設定輸出類型**，按下「確定」鈕，建立選取範圍。

⑤ 選取輸出類型

選取範圍
圖層遮色片
新增圖層
新增使用圖層遮色片的圖層
新增文件
新增使用圖層遮色片的文件

⑥ 選取影像

SECTION 4.10 自動選取物件或主體

使用頻率

Photoshop CC 2023 即使沒有指定物件，也可以自動判斷照片中的人物、物體，只要移入游標並按一下即可選取，還能一鍵選取人物、動物等主體。

使用「物件選取工具」選取物件

使用「物件選取工具」可以自動選取照片中的物品或人物等物件。

① 選取「物件選取工具」

選取工具列的「**物件選取工具**」 。
勾選工具選項列的「**物件尋找工具**」之後，
Photoshop 會搜尋照片中的物件。

① 建立選取範圍

在Photoshop尋找物件的過程中，此圖示會旋轉

② 確認已勾選

② 按一下想選取的物件

當游標移到物件上，Photoshop 判斷為物件的部分即覆蓋上一層藍色。
判斷結果若適合當作選取範圍，只要按一下就能建立選取範圍，但有時可能需要花一點時間。

POINT

按下「設定其他選項」鈕，可以利用「覆蓋選項」的「顏色」更改色彩。

③ 將游標移動到物件上

④ 在藍色的覆蓋範圍按一下

⑤ 選取物件

③ 增加選取物件

如果要增加選取的物件，可以直接將游標移動到其他物件。
若藍色覆蓋範圍適合當成選取範圍，只要按一下即可。

⑥ 將游標移動到其他物件上

⑦ 在藍色覆蓋範圍按一下

⑧ 增加選取範圍

「物件選取工具」的選項

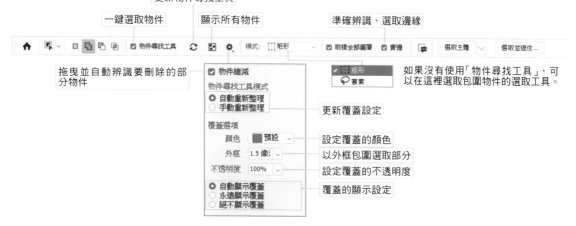

更新物件尋找工具

一鍵選取物件　　　顯示所有物件　　　準確辨識、選取邊緣

拖曳並自動辨識要刪除的部分物件

如果沒有使用「物件尋找工具」，可以在這裡選取包圍物件的選取工具。

更新覆蓋設定
設定覆蓋的顏色
以外框包圍選取部分
設定覆蓋的不透明度
覆蓋的顯示設定

自動選取主體

執行「選取→主體」命令，可以**自動偵測影像內的主要被攝體（物件）**，如人物、動物、植物等。在背景單純容易辨識的照片，可以輕鬆地選取主體。

① 執行「主體」命令

開啟影像，執行「選取→主體」命令。

如果選取了「快速選取工具」、「魔術棒工具」，可以按一下工具選項列的「選取主體」。

按一下

① 選取

② 選取主體

自動選取影像內的主要被攝體。

◎ POINT

被攝體不限人類，動物、鳥類等也能成為選取對象。

② 自動選取影像內主要的被攝體

增加圖層遮色片

將選取範圍變成遮色片一鍵去背

使用各種選取工具建立的選取範圍,只要利用圖層遮色片,即可快速完成人物或物件的去背工作。此外,以「物件選取工具」辨識的物件全都可以轉換成遮色片。

① 選取物件並建立遮色片

使用「物件選取工具」選取物件後,按一下「圖層」面板中的「增加圖層遮色片」。

❶建立選取範圍

❷按一下

② 裁剪選取範圍

人物的背景變成透明,選取範圍轉換成圖層遮色片。

❸裁剪選取範圍

圖層遮色片

◎POINT

利用「物件選取工具」自動辨識的物件,在「圖層」面板的影像按下右鍵,執行「為所有物件套用遮色片」命令,每個物件會分別建立圖層遮色片。

TIPS　自然選取頭髮

使用「物件選取工具」選取人物的頭髮通常效果都不好,若想以自然的形狀選取,請按下「選取並遮住」,使用「調整邊緣筆刷工具」,拖曳頭髮的中心點。

❶選取　❷拖曳

❸自然完成頭髮去背

儲存選取範圍、載入選取範圍

儲存並載入已經建立的選取範圍

我們可以在「色版」面板中,將建立的選取範圍命名後儲存起來,方便日後隨時叫出該選取範圍。選取範圍會儲存成 Alpha 色版。

儲存選取範圍

建立的選取範圍可以儲存起來,即使取消選取範圍,日後仍能載入使用。

① 儲存選取範圍

建立選取範圍。

執行「選取→**儲存選取範圍**」命令,開啟「儲存選取範圍」對話框。

① 建立選取範圍

選取(S)　濾鏡(T)　3D(D)　檢視(
全部(A)　　　　　　Ctrl+A
取消選取(D)　　　　Ctrl+D
重新選取(E)　　Shift+Ctrl+D
反轉(I)　　　　Shift+Ctrl+I

變形選取範圍(T)

以快速遮色片模式編輯(Q)

載入選取範圍(O)...
儲存選取範圍(V)...

新增 3D 模型(3)

② 選取

② 設定儲存位置與名稱

設定儲存位置與名稱,按下「確定」鈕,就可以儲存選取範圍。

儲存的選取範圍會**在「色版」面板建立 Alpha 色版**,並顯示成剛才命名的名稱。

○**POINT**

如果選取了「色版」面板中現有的 Alpha 色版,可以在下方的「操作」選項,選取「新增色版」、「增加到色版」、「由色版減去」、「和色版相交」。

③ 輸入選取範圍的名稱　　　④ 按一下

建立、選取新色版

建立選取範圍,按下「色版」面板的 ⊞,可以不開啟對話框,直接建立「Alpha 1」色版。

按住 Alt 鍵(Mac 為 option 鍵)不放並按一下 ⊞,會開啟「新增色版」對話框。

⑤ 選取範圍儲存成Alpha色版

載入選取範圍

取消選取範圍後，仍可以隨意載入已經儲存的選取範圍（Alpha 色版）。

① 載入選取範圍

執行「選取→**載入選取範圍**」命令。

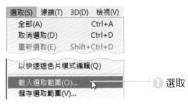

② 指定色版

開啟「載入選取範圍」對話框，在「色版」設定當作選取範圍載入的色版。

③ 載入選取範圍

把剛才設定的色版載入為選取範圍。

▶ Ctrl ＋按一下載入 **Alpha** 色版的選取範圍

不使用「載入選取範圍」命令，利用 Ctrl ＋按一下也可以載入選取範圍。

① Ctrl ＋按一下 **Alpha** 色版

在「色版」面板的色版名稱上，**按住** Ctrl **鍵（Mac 為** ⌘ **鍵）不放並按一下。**

② 載入選取範圍

剛才的 Alpha 色版會載入為選取範圍。

剪下、拷貝、貼上

將選取範圍貼至其他影像

選取範圍內的影像可以剪下、拷貝＆貼上、裁切、移動到其他視窗或圖層、更改形狀。

▌剪下、拷貝、貼上選取範圍

利用剪下或拷貝，可以將選取範圍移動至剪貼簿，再當作點陣圖資料貼至其他圖層、視窗、應用程式。

① 建立選取範圍後剪下

建立影像的選取範圍，執行「剪下」命令或按下 Delete 鍵，刪除選取範圍。

> **POINT**
>
> 不執行「剪下」命令，改用 Delete 鍵也可以刪除選取範圍，但是影像不會移動到剪貼簿。

❶ 建立選取範圍

❷ 執行「編輯→剪下」命令

② 顯示背景色或底下的圖層

如果剪下影像的是「背景」圖層，會顯示工具列的背景色。若下面有其他圖層，就會顯示該圖層的圖案。

❸ 刪除選取範圍

剪下的是「背景」圖層且背景色為白色

「背景」圖層轉換成「圖層 0」圖層

底下有其他圖層

77

拷貝＆貼上選取範圍

1 拷貝選取範圍

建立選取範圍，執行「編輯→拷貝」命令（ Ctrl ＋ [C]），原始影像會原封不動地移動到剪貼簿。

① 建立選取範圍並「拷貝」

2 貼至其他影像

開啟其他影像視窗，執行「編輯→貼上」命令（ Ctrl ＋ [V]），剪貼簿內的影像會貼上成為新圖層。

② 開啟其他影像並貼上

③ 貼上影像並建立新圖層

新建立的圖層

○ POINT

使用 Neural Filters 的「協調」，可以自動調整貼上的圖層與背景圖層的色調（請參考 249 頁）。

3 可以任意移動圖層影像

使用移動游標 ▶₊，可以在視窗內隨意移動新的圖層影像。

④ 使用「移動工具」移動

TIPS 「移動工具」的快速鍵

不論選取哪個工具，只要按下 Ctrl 鍵（Mac 為 ⌘ 鍵），都會變成「移動工具」的游標 ▶₊，可以移動影像，但是無法整合文件視窗與面板。

貼上的影像會變成圖層，能與背景影像分離，可以隨意移動，或使用變形控制項縮小，設定不透明度、混合模式、明暗。

TIPS 剪貼簿

執行剪下或拷貝時，選取範圍內的影像會暫時由剪貼簿保管，可以貼至 Photoshop 的其他視窗或應用程式。
在下一次執行剪下或拷貝之前，剪貼簿的資料不會產生變化，能重複貼上相同資料。

貼入範圍內

如果你想將拷貝的影像**貼入指定範圍**內，請執行「編輯→貼入範圍內」命令（Shift + Ctrl + [V]），別使用「貼上」命令。

① 選取並拷貝整張影像

① 拷貝選取範圍

開啟要貼上的影像，選取整個影像。

執行「編輯→拷貝」命令（Ctrl + [C]），將原始影像原封不動地移動到剪貼簿。

② 貼至其他影像的選取範圍內

開啟要貼至選取範圍內的影像，建立選取範圍（背景部分）。執行「編輯→選擇性貼上→**貼入範圍內**」命令（Alt + Shift + Ctrl + [V]），剪貼簿內的影像會貼上為新圖層。

② 選取背景

③ 選取

在選取範圍內，貼上剛才拷貝的影像

③ 建立圖層遮色片

在貼上的圖層建立**圖層遮色片**（請參考 133 頁）。

圖層遮色片

> TIPS **選擇性貼上**

「選擇性貼上」的子選單中，還包括「就地貼上」及「貼至範圍外」命令。

> TIPS **拷貝合併**

「拷貝」選取影像是拷貝目前選取圖層內的影像。

然而，執行「編輯→**拷貝合併**」命令（Shift + Ctrl + [C]），拷貝的對象是顯示中的圖層。

一般的「拷貝」是以選取中的圖層為對象，但是「拷貝合併」是以顯示中的圖層為對象。

裁切選取範圍

Photoshop 可以依選取範圍的形狀裁切掉不要的影像。裁切影像的方法包括利用選取範圍裁切或使用「裁切工具」。當你將影像發布到 Instagram 或 Twitter 等社群媒體之前，最好先利用 Photoshop 裁切大小。

裁切矩形選取範圍

① 建立選取範圍

使用「矩形選取畫面工具」[::], 建立選取範圍。你也可以建立任意形狀的選取範圍。

❶ 選取要裁切的範圍

② 執行「裁切」命令

執行「影像→裁切」命令，裁切後的選取範圍變成影像範圍。

❸ 以選取範圍裁切影像

影像(I) 圖層(L) 文字(Y) 選取(S)	
模式(M)	▶
調整(J)	▶
自動色調(N)	Shift+Ctrl+L
自動對比(U)	Alt+Shift+Ctrl+L
自動色彩(O)	Shift+Ctrl+B
影像尺寸(I)... ❷ 選取 Ctrl+I	
版面尺寸(S)...	Alt+Ctrl+C
影像旋轉(G)	▶
裁切(P)	

➡

使用「裁切工具」裁切 Instagram 用的影像

① 建立裁切範圍

這次要將橫式影像裁切成可以發布在 Instagram，寬度 1080 像素 × 高度 1080 像素的正方形影像。

在工具選項列左邊的選單中，選取「寬 × 高 × 解析度」，分別設定成 1080 像素、1080 像素、72 像素 / 英吋。

使用「裁切工具」[七], 拖曳選取裁切範圍。設定覆蓋選項、拉直、其他裁切選項。

❶ 設定寬度、高度、解析度

| 🏠 | 七. | 寬 x 高 x 解... | 1080 像素 | ⇄ | 1080 像素 | 72 | 像素/英吋 ∨ | 清除 |

❷ 使用「裁切工具」拖曳

◎ POINT

使用「裁切工具」[七]. 拖曳時，寬度與高度雖然與設定不同，但是裁切之後，就會調整成在工具選項列設定的大小。

② 調整邊界

畫面上會顯示控制點與邊界，拖曳控制點可以
調整邊界。

POINT

按下選項列的「拉直」鈕，拖曳想變成水平
的部分，影像的頂部就會變成拖曳後的角
度。
勾選「內容感知」，若傾斜後出現空白，就
會以周圍影像填補空白。

④ 確定之後，在範圍內按兩下

③ 利用控制點調整大小與位置

POINT

取消選項列的「**刪除裁切的像素**」，裁切之後，會保留周圍黑色部
分，使用「移動工具」拖曳，可以更改裁切位置或重新裁切。

③ 按兩下確定裁切

在裁切範圍內按兩下，或按下工具選項列的 ✓
或 Enter 鍵，即可裁切影像。

⑤ 裁切成指定大小

TIPS　「透視裁切工具」🗁.

使用「透視裁切工具」🗁,，可以校正相機鏡頭的
變形並裁切影像。請將參考線設定在照片內想變成
垂直或水平的線條上再進行裁切。

 ➡

▌修剪

執行「影像→修剪」命令，可以針對影像內的透明部分、左上角或右上角的像素進行單色區域的裁剪，適合用於**想
刪除照片內單色邊緣或透明邊緣的情況**。

① 執行「修剪」命令

執行「影像→修剪」命令。

② 設定修剪

在對話框中，設定修剪顏色與剪掉的部分，再
按下「確定」鈕。

刪除右下的像素顏色。

修剪影像邊緣的透明部分，保留不含透明
部分的最小影像。

刪除左上的像素顏色。

利用「頂端」、「左側」、「底
部」、「右側」選取多個要剪
下的區域。

魔術橡皮擦工具、背景橡皮擦工具

刪除影像讓背景變透明

使用頻率

「橡皮擦工具」 ✐. 的子工具包括讓背景變透明的「魔術橡皮擦工具」 ✐. 與「背景橡皮擦工具」 ✐. 。使用這些工具可以讓刪除的部分變透明，顯示底下的圖層，或裁切影像只保留需要的部分。

使用「魔術橡皮擦工具」刪除影像

使用「魔術橡皮擦工具」 ✐. ，可以辨識點擊處的像素顏色，**並依照工具選項列設定的容許度刪除影像**，讓影像變透明。

和「魔術棒工具」 ✐. 一樣，不用按下 Shift 鍵，只要邊調整設定值並按一下，就可以刪除影像。

---

① 選取「魔術橡皮擦工具」

選取位於「橡皮擦工具」 ✐. 子工具內的「**魔術橡皮擦工具**」 ✐. ，視狀況設定選項列的容許度。

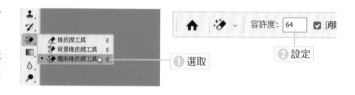

---

② 使用「魔術橡皮擦工具」按一下

在照片上想刪除的部分按一下。

---

③ 刪除在「容許度」設定的範圍

刪除在選項列的「容許度」設定的影像區域，**刪除的部分會變透明**，如果是該圖層是背景圖層，就會轉換成**一般圖層**。

繼續按一下刪除其他部分。

⑥ 擴大刪除範圍

⑤ 繼續按一下

◆ POINT

刪除後，「背景」圖層轉換成一般圖層，變成「圖層 0」圖層。

「魔術橡皮擦工具」的選項設定

選取「魔術橡皮擦工具」　，工具選項列會顯示對應的選項內容。

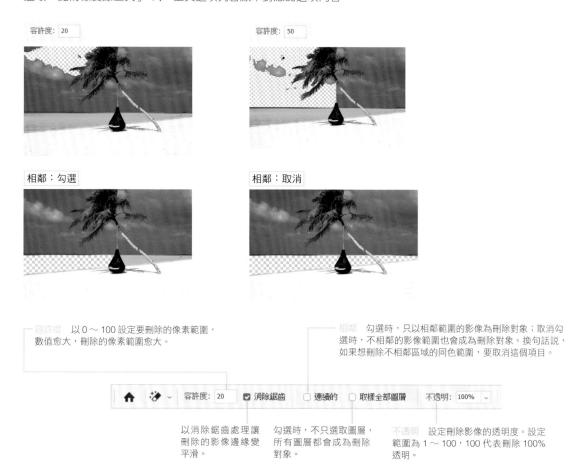

容許度：20

容許度：50

相鄰：勾選

相鄰：取消

容許度　以 0～100 設定要刪除的像素範圍，數值愈大，刪除的像素範圍愈大。

相鄰　勾選時，只以相鄰範圍的影像為刪除對象；取消勾選時，不相鄰的影像範圍也會成為刪除對象。換句話說，如果想刪除不相鄰區域的同色範圍，要取消這個項目。

以消除鋸齒處理讓刪除的影像邊緣變平滑。

勾選時，不只選取圖層，所有圖層都會成為刪除對象。

不透明　設定刪除影像的透明度。設定範圍為 1～100，100 代表刪除 100% 透明。

「背景橡皮擦工具」

「背景橡皮擦工具」　是刪除拖曳處的像素，讓圖層的背景變透明的工具。

「魔術橡皮擦工具」　是以點擊處的像素為基準，刪除像素，而「背景橡皮擦工具」　是以筆刷大小的中心點辨識顏色，只刪除筆刷範圍內，成為對象的顏色。和「魔術橡皮擦工具」　一樣，「背景」圖層會轉換成一般圖層。

▶ 設定要刪除的顏色

選取「背景橡皮擦工具」　，工具選項列會切換成「背景橡皮擦工具」的設定項目。

設定「取樣：一次」，可以辨識最初使用「背景橡皮擦工具」　按一下的像素顏色，根據該顏色設定的容許度刪除像素。換句話說，可以只刪除該處的色調。

設定成「連續」，可以根據拖曳途中的像素顏色連續刪除影像，變成透明。以下這張圖是將游標拖曳到樹木沒有接觸到的地方，適當裁切輪廓。

取樣：連續

設定成一次」，會以第一次按下的像素顏色為基準，刪除拖曳軌跡範圍的影像，變成透明。
下圖是設定成「非連續的」，再拖曳滑鼠。

取樣：一次

以設定的背景色為基準，刪除拖曳範圍的顏色，變成透明。

設定的背景色

取樣：背景色票

5

使用圖層合成影像

圖層可以重疊、管理、編輯，是非常重要的功能。

圖層有各式各樣的功能，包括鎖定、顯示或隱藏、不透明度、混合模式等。另外，調整圖層、陰影等圖層效果也是設計影像時一定會用到的功能。

圖層結構、圖層面板

圖層結構

圖層是影像上的階層結構，就像是一層一層的透明膠片。透過顯示、隱藏、編輯圖層等方式，可以呈現複雜的影像，還能在每個圖層套用圖層樣式、調整色調、使用濾鏡等。關於包含工作區域的「圖層」面板，請參考 99 頁的說明。

何謂圖層

Photoshop **有著像透明膠片般可以重疊的「圖層」**，每個圖層都可以單獨編輯。圖層是由影像、形狀、文字以及整合多個圖層的群組構成。

圖層上沒有物件的透明部分可以透視底下的圖層，每個圖層都能設定**不透明度**及**混合模式**，還可以設定**重疊順序**、**顯示或隱藏**、**圖層樣式**，在影像套用各種效果。

圖層的特色之一，就是能把調整效果變成**調整圖層**，之後可以更改效果強弱或刪除。

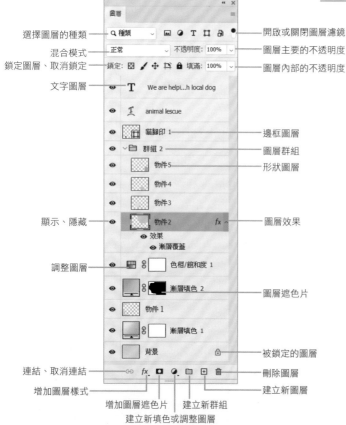

- 選擇圖層的種類
- 混合模式
- 鎖定圖層、取消鎖定
- 文字圖層
- 顯示、隱藏
- 調整圖層
- 連結、取消連結
- 增加圖層樣式
- 增加圖層遮色片
- 建立新填色或調整圖層
- 建立新群組
- 建立新圖層
- 刪除圖層
- 被鎖定的圖層
- 圖層遮色片
- 圖層效果
- 形狀圖層
- 圖層群組
- 邊框圖層
- 圖層內部的不透明度
- 圖層主要的不透明度
- 開啟或關閉圖層濾鏡

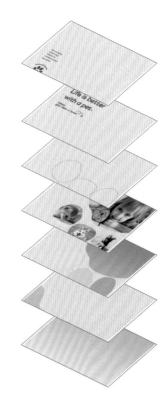

5.2 建立新圖層

建立新圖層、文字、形狀、邊框、調整圖層

使用頻率

請在照片檔案等只有背景圖層的影像建立新的空白圖層。除了建立新圖層之外，也可以利用貼上、輸入文字、建立形狀、邊框圖層等方式增加圖層。

建立新的空白圖層

① 執行「新增圖層」命令

開啟照片檔案。

在「圖層」面板的選單中，執行「**新增圖層**」命令。

或按下「建立新圖層」鈕 ▣ ，此時不會開啟對話框。

◎POINT

新增的圖層會出現在選取中的圖層上方，假如有多個圖層，請先選取新增圖層底下的圖層。

❶ 按一下

❷ 選取

或按下「建立新圖層」鈕

② 輸入圖層名稱

輸入新圖層的名稱，視狀況設定圖層的顏色、混合模式、不透明度，再按下「確定」鈕。

❸ 輸入圖層名稱

❹ 按一下

③ 完成新圖層

在「**背景**」圖層上方建立了新圖層（建立在選取中的圖層上方）。

雖然在「圖層」面板中顯示了該圖層名稱，但是新圖層為透明，所以影像的外觀沒有變化。

❺ 建立新圖層

TIPS 將「背景」圖層轉換成「一般」圖層

開啟以數位相機拍攝的照片時，會把該影像顯示為「背景」圖層。**「背景」圖層會出現 🔒 符號**，無法設定不透明度、混合模式、隱藏、鎖定等項目。

按一下 🔒 符號，**解除鎖定後，可以轉換成名為「圖層 0」，能執行編輯**的一般圖層。

在「背景」圖層按兩下，開啟「新增圖層」對話框，命名之後，也可以轉換成一般圖層。

❶ 按一下

❷ 轉換成一般圖層

這種情況下會增加圖層

執行以下操作，會在目前的圖層上新增圖層。

▶貼上拷貝的影像

在目前的圖層上自動把貼上的影像建立為圖層。

> **POINT**
>
> 將影像檔案拖曳到 Photoshop 文件上，預設會建立智慧型物件圖層。

貼上拷貝的影像後，會建立新圖層

▶輸入字串

使用「水平文字工具」T. 輸入文字時，會自動建立**文字圖層**（請參考 138 頁）。

▶建立形狀或邊框

使用「矩形工具」、「橢圓工具」、「自訂形狀工具」建立新的形狀時，會建立**形狀圖層**（請參考 235 頁），以「邊框工具」建立邊框後，會產生**邊框圖層**（請參考 126 頁）。

▶建立調整圖層

按下「圖層」面板中的 ◙. 鈕執行調整項目時，會建立**調整圖層**（請參考 196 頁）。

TIPS 將選取範圍建立為新圖層

在影像上建立選取範圍。

執行「圖層→新增→拷貝的圖層」命令（Ctrl + [J]）。

選取範圍就會成為新圖層。

如果執行「圖層→新增→剪下的圖層」命令（Shift + Ctrl + [J]），則會建立剪下原始影像的圖層。

❷ 執行「拷貝的圖層」命令

❸ 選取的影像成為新圖層

❶ 建立選取範圍

❹ 為了方便瞭解而往左移動影像

SECTION

5.3

使用頻率

移動工具、自動選取圖層、移動圖層的階層、拷貝與刪除圖層

移動、拷貝、刪除圖層

以下將說明在圖層內移動圖層上的影像、形狀，以及拷貝、刪除圖層的方法。

CHAPTER 5　使用圖層合成影像

█ 使用「移動工具」移動圖層內的影像

使用「移動工具」 ⊹.，拖曳圖層上的影像可以**改變影像在圖層內的位置**。

① 選取想移動影像的圖層

按一下選取（作用中）想移動影像的圖層。

❶ 選取圖層

> **TIPS** 一個像素一個像素移動影像
>
> 使用 [Ctrl] + [←] [→] [↑] [↓] 鍵，可以一個像素一個像素移動圖層上的影像。

② 移動圖層上的影像

選取工具列的**「移動工具」** ⊹.，拖曳移動作用（在「圖層」面板選取中）圖層的影像。

使用「筆型工具」 ∅.、「手形工具」 ✋.以外的工具，按住 [Ctrl] 鍵不放（開啟自動選取）並拖曳影像，也可以移動未選取的圖層影像。

> **◎POINT**
>
> 在「移動工具」 ⊹. 的選項列，勾選「顯示變形控制項」，選取圖層的物件四周就會顯示變形控制項。

❷ 拖曳移動圖層影像

> **TIPS** 顯示智慧型參考線
>
> 使用「移動工具」 ⊹. 移動圖層物件，接觸到其他圖層影像的邊緣或中央時，會自動顯示粉紅色（預設）的智慧型參考線，想整齊排列物件時，有了智慧型參考線就很方便。請執行「檢視→顯示→智慧型參考線」命令，開啟智慧型參考線。

> **TIPS** 利用右鍵選取作用圖層
>
> 在選取「移動工具」 ⊹. 的狀態下，於影像上按右鍵，會在右鍵選單內顯示圖層名稱，可以選取作用圖層。
>
> 此外，利用 [Shift] + 按一下可以同時選取多個圖層。

自動選取與移動圖層

在「移動工具」⊕. 的選項列中，**勾選「自動選取」**，從選單中選取「圖層」，當你使用「移動工具」按一下選取了最上面含像素的圖層，並不會選到「背景」圖層。

選取「群組」時，可以把含物件的群組當成選取對象。

---

① **勾選「自動選取」**

在「移動工具」⊕. 的選項列勾選「自動選取」，並於選單中選取「圖層」。

❶ 勾選並選取「圖層」

---

② **選取多個想移動的圖層**

按住 Shift 鍵不放並按一下不同圖層的物件，在「圖層」面板中，會同時選取兩個圖層。

> **◎POINT**
>
> 執行「選取→取消選取圖層」命令，可以取消選取圖層的選取狀態。執行「選取→全部圖層」命令（ Alt + Ctrl + [A] ），可以選取所有圖層。

> **◎POINT**
>
> 選取多個圖層，按下「圖層」面板的圖層連結鈕 ∞，建立連結，可以同時移動多個圖層。

❸ 選取多個圖層

❷ Shift + 按一下

---

③ **同時移動多個圖層**

在畫面上拖曳，可以同時移動多個圖層。

> **◎POINT**
>
> 建立 95 頁說明的圖層群組，把圖層整合在一起，能同時移動群組內的圖層。
> 在選取圖層群組的狀態，按住 Ctrl 鍵不放並按一下特定物件，可以選取該物件，單獨移動物件。

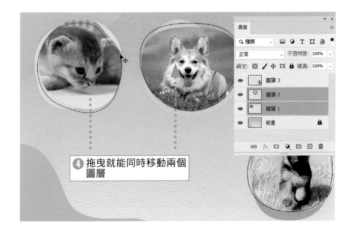

❹ 拖曳就能同時移動兩個圖層

TIPS 「選取」選單

在「選取」選單中，包含「全部圖層」、「取消選取圖層」、「尋找圖層」等選取或取消選取圖層的命令，你可以依照實際狀況加以運用，是很方便的功能。

調整圖層的階層（排列順序）

你可以使用拖曳方式隨意調整圖層階層（排列）的上下順序。

(1) 往上拖曳圖層

如果要**更改圖層的排列順序**，請往上或往下拖曳圖層。

「背景」圖層無法移動上下順序，其他圖層也無法移動到「背景」圖層底下。將「背景」圖層轉換成一般圖層（請參考 87 頁）才可以改變階層。

> **⦿POINT**
>
> 圖層群組、工作區域和圖層一樣，都可以利用拖曳方式改變排列順序。

(2) 改變圖層的階層順序

這樣就更改了圖層的階層順序。

> **TIPS** 使用命令移動階層
>
> 執行「圖層→排列順序」命令中的
> 「移至最前」（Shift + Ctrl + []）
> 「前移」（Ctrl + []）
> 「後移」（Ctrl + []）
> 「移至最後」（Shift + Ctrl + []）
> 也可以移動圖層。

❷ 下方圖層移至上層了

拷貝圖層

拷貝圖層，重疊相同影像，可以利用混合模式、濾鏡合成影像，或保留編輯前的影像。

(1) 拖曳想拷貝的圖層

將想拷貝的圖層拖曳到「建立新圖層」⊞。
按住 Alt（option）鍵不放並拖曳到 ⊞，可以開啟「拷貝圖層」對話框，設定名稱、文件、工作區域。

(2) 拷貝圖層

在拖曳後的圖層上方拷貝出相同的圖層。

❶ 拖曳

❷ 拷貝圖層

在含有工作區域的文件中，拷貝圖層或圖層群組時，可以在「拷貝圖層」對話框選擇要置入拷貝圖層的工作區域。如果想在各個工作區域之間拷貝物件，使用這種方法就很方便。

刪除多餘的圖層或群組

不需要的圖層、圖層群組、工作區域都可以從「圖層」面板中刪除。多餘的圖層會讓檔案會變大，刪除之後，Photoshop 的執行效率會比較好。

① 選取要刪除的圖層

在「圖層」面板中，按一下要刪除的圖層，形成選取狀態（作用中的狀態）。

② 刪除圖層

按下面板中的「刪除圖層」鈕 🗑，或將要刪除的圖層拖曳到「刪除圖層」鈕 🗑。

② 拖曳

① 選取

② 按一下

> **◎POINT**
>
> 執行「圖層→刪除」命令，可以刪除「圖層」、「群組」、「工作區域」，也可以執行「圖層→刪除→隱藏圖層」命令，刪除隱藏圖層。

我們可以利用快速鍵，將「圖層」面板中的物件放大成最大化。
按住 Alt 不放並按一下（Mac 為 option +按一下）圖層縮圖，可以將該圖層物件顯示成最大化。如果要顯示整個影像，請按住 Alt 不放並按一下「背景」圖層。

① Alt +按一下

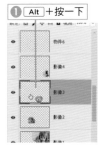

② 該圖層會顯示成最大化

SECTION
5.4

使用頻率

顯示、隱藏、鎖定圖層

隱藏或鎖定圖層

隨著圖層逐漸增多，管理工作會變得很複雜。在「圖層」面板中，可以利用篩選器篩選隱藏圖層、圖層群組、工作區域，或顯示的圖層。

▌顯示／隱藏圖層

含有多個圖層的影像可以使用以下幾種方法，只顯示／隱藏特定的圖層。

① 按一下圖示 ◉

按一下「圖層」面板縮圖左邊的圖示 ◉ 。

TIPS 隱藏其他圖層

按住 Alt 不放並按一下 ◉ 圖示（Mac 為 option ＋按一下），只會顯示該圖層，並把其他圖層隱藏起來。

② 隱藏圖層

◉ 圖示消失，同時將圖層隱藏起來。

TIPS 拖曳顯示控制

假如想顯示／隱藏多個連續的圖層，可以使用滑鼠在圖示部分上下拖曳。

① 按一下

② 隱藏圖層

▌篩選顯示的圖層種類

圖層數量很多時，若能只顯示特定種類或特定名稱的圖層，就很方便。在「圖層」面板的「**揀選濾鏡類型**」選單中，選取「**種類**」、「**名稱**」、「**效果**」、「**樣式**」、「**屬性**」、「**顏色**」，可以輸入名稱，或篩選出選單中選取的圖層類型。按一下右邊的 •，可以開啟或關閉揀選器（請參考下一頁）。

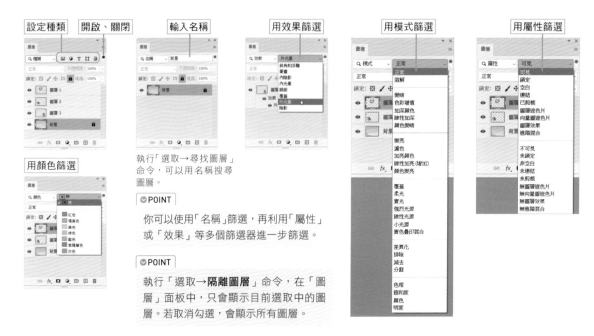

設定種類　開啟、關閉　　輸入名稱　　用效果篩選　　用模式篩選　　用屬性篩選

用顏色篩選

執行「選取→尋找圖層」命令，可以用名稱搜尋圖層。

⊙POINT

你可以使用「名稱」篩選，再利用「屬性」或「效果」等多個篩選器進一步篩選。

⊙POINT

執行「選取→**隔離圖層**」命令，在「圖層」面板中，只會顯示目前選取中的圖層。若取消勾選，會顯示所有圖層。

▌鎖定圖層

在「圖層」面板中，你可以鎖定選擇的圖層，鎖定後就**無法移動或繪圖**。鎖定的工具列有五個按鈕，鎖定之後，圖層會顯示 🔒 符號，再按一下 🔒 即可解除鎖定。

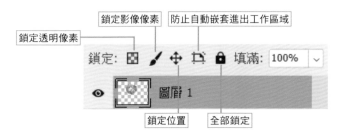

鎖定影像像素　防止自動嵌套進出工作區域
鎖定透明像素
鎖定位置　全部鎖定

鎖定透明像素　　除了透明像素，其餘都用漸層填滿。

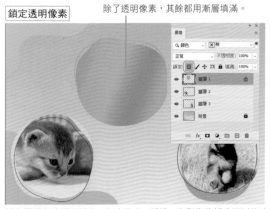

鎖定圖層內的透明部分，無法修改、編輯，有影像的部分可以修改。

鎖定位置

雖然可以修改影像，卻無法移動，移動影像時會出現警告訊息。

SECTION

5.5

使用頻率

建立新群組、刪除群組

利用群組整理圖層

如果有大量圖層，建立和檔案夾一樣的群組，把圖層整合在群組內，比較容易管理，圖層群組可以展開或收合。

建立圖層群組

當圖層數量變多且難以檢視時，將它們歸類至群組內比較容易處理，而且群組裡面還可以建立子群組。

① 建立群組

選取想放入圖層群組內的影像，按一下「**建立新群組**」鈕 ▢。

② 建立新群組

建立包含選取影像的圖層群組。

> ◎POINT
>
> 建立群組後，會以「群組 1」的格式命名，在名稱部分按兩下，字串會呈現反白狀態，此時即可修改名稱。

③ 將影像移動到群組內

把圖層拖曳到群組上，可將影像放入群組中。選取多個圖層後建立群組，該圖層會自動移動到群組內。

> ◎POINT
>
> 按一下 ∨，可以收合圖層群組。在「圖層」面板的選項選單中，執行「收合所有群組」命令，可以一次收合文件內所有的群組。

① 選取

② 按一下

③ 建立群組

④ 拖曳圖層

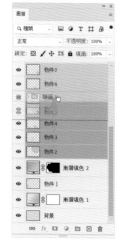

⑤ 移動到群組內

刪除多餘的群組與群組的內容

你可以刪除不需要的群組及其內容，或是僅刪除群組。

① 按一下「刪除圖層」鈕

選取群組，按一下「**刪除圖層**」鈕 🗑 。

② 選取刪除對象

開啟對話框，可以選擇要刪除的群組和內容，
或僅刪除群組。

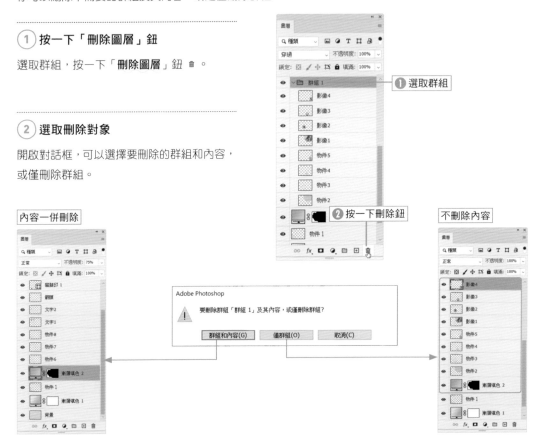

內容一併刪除

不刪除內容

Adobe Photoshop

⚠ 要刪除群組「群組 1」及其內容，或僅刪除群組？

[群組和內容(G)]　[僅群組(O)]　[取消(C)]

❶ 選取群組

❷ 按一下刪除鈕

TIPS 群組的不透明度、鎖定、對齊

群組可以設定**整個群組的不透明度**、混合模式或鎖
定群組。

選取一個群組，可以設定讓**群組內的物件對齊**、均
分（請參考 130 頁）。

群組可以設定不透明度
與混合模式

向下合併圖層、合併可見圖層、影像平面化

合併圖層

你可以將多個圖層合併成一個圖層,或只合併特定圖層。如果存檔格式無法保留圖層,或想簡化圖層結構時,可以使用這個功能。

▌向下合併圖層

讓選取中的圖層與下方圖層合併。貼上影像時很常用到與下方圖層合併的操作,最好先把快速鍵記起來。

① 執行「向下合併圖層」命令

若要與下方圖層合併,請選取該圖層,執行「圖層→向下合併圖層」命令,或在「圖層」面板的選單中,執行「向下合併圖層」命令(Ctrl + [E])。

② 合併成一個圖層

與下方圖層合併,變成一個圖層(保留下方圖層的名稱)。

按住 Alt 鍵不放(Mac 為 option 鍵),執行「向下合併圖層」命令,會將目前圖層中的影像拷貝至下方圖層。

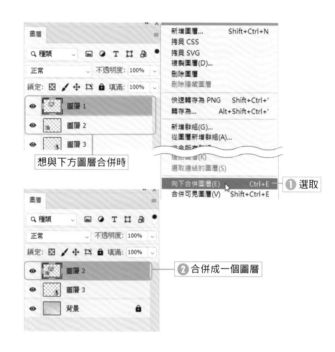

▌合併可見圖層

在「圖層」面板上,只合併顯示 ◉ 圖示的圖層。

① 執行「合併可見圖層」命令

選取顯示中的圖層,執行「圖層→合併可見圖層」命令,或在「圖層」面板的選單中,執行「合併可見圖層」命令(Ctrl + Shift + [E])。

②　合併成一個圖層

合併顯示中的圖層，變成一個圖層。

按住　Alt　鍵（Mac 為　option　鍵）不放，執行「合併可見圖層」命令，會將顯示中的圖層影像拷貝至作用中的圖層影像。

②　合併成一個圖層

POINT

如果要合併剪裁遮色片或群組的圖層，請按一下該剪裁遮色片最底部的圖層，執行「圖層→**合併群組**」命令，或「圖層→**合併剪裁遮色片**」命令（　Ctrl　＋ [E]）。

▌影像平面化

將影像中的所有圖層和群組合併為背景圖層。未顯示的圖層將被捨棄，合併後只會剩下一個圖層，因此可以縮小檔案，以白色填滿透明背景。

以「另存新檔」儲存成 JPEG、EPS、BMP 格式時，會自動合併成一個圖層。

①　執行「影像平面化」命令

執行「圖層→**影像平面化**」命令，或在「圖層」面板選單中，執行「**影像平面化**」命令。

POINT

如果包含隱藏圖層，畫面上會顯示是否捨棄該圖層的對話框，若要刪除隱藏圖層，請按下「確定」鈕。

想合併所有圖層時

①　選取

②　合併成背景圖層

影像合併成一個沒有透明部分且**被鎖定的「背景」圖層**。

TIPS　更改縮圖大小

在「圖層」面板選單中，執行「面板選項」，可以更改縮圖的大小。

②　合併成一個影像

SECTION

5.7

使用頻率

圖層面板、工作區域

在「圖層」面板編輯工作區域

你可以在一個檔案內建立多種尺寸的工作區域，完成像是網頁、智慧型手機、印刷等多種用途的設計。請在現有設計中建立手機版的工作區域。

▍利用工作區域整合設計

請將已經完成的設計整合在一個工作區域內。

① 執行「新增工作區域」命令

在「圖層」面板選單執行「**新增工作區域**」命令，開啟對話框，輸入工作區域的名稱，確認大小後，按下「確定」鈕。

② 輸入工作區域名稱

③ 按一下

① 選取

② 建立工作區域

將現有圖層整合成一個工作區域。

> **◎POINT**
>
> 在「圖層」面板中選取圖層物件，執行「來自圖層的工作區域」或「來自群組的工作區域」命令，可以建立和選取物件一樣大小的工作區域。

④ 建立工作區域

工作區域名稱

▍拷貝物件並置入其他工作區域內

在上面建立的工作區域內，新增空白工作區域（iPhone X 大小）。以下將拷貝第一個工作區域的物件，置入其他工作區域中。

① 新增工作區域

使用「**工作區域工具**」 ，按一下工作區域的標題，或按一下「圖層」面板的工作區域名稱，工作區域四邊會顯示 圖示，請按一下右邊的 。

① 按一下

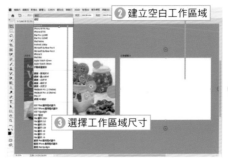

② 設定工作區域大小

建立相同大小的空白工作區域。在選取工作區域的狀態，選取工具選項列中的「iPhone X」預設集。

> **◎ POINT**
>
> 按住 `Alt` 鍵（Mac 為 `option` 鍵）不放並按一下 ◎，可以建立包含內容的工作區域。

② 建立空白工作區域
③ 選擇工作區域尺寸
④ 更改大小

③ 轉換成智慧型物件

拷貝工作區域內的圖層物件之前，在文字以外的物件按右鍵，執行「**轉換為智慧型物件**」命令，先轉換成智慧型物件（請參考 123 頁）。轉換成智慧型物件之後，即使調整尺寸也不會影響物件的畫質，而且執行調整等編輯效果時，也會同步套用在其他工作區域的物件上。

⑥ 按住 `Ctrl` + `Alt` 鍵不放並拖曳
在「圖層」面板中，可以使用相同的操作進行拖曳複製
⑤ 轉換為智慧型物件

④ 拷貝至工作區域

如果想將物件從其中一個工作區域拷貝至其他工作區域，可以按住 `Ctrl` + `Alt` （Mac 為 `⌘` 鍵 + `option` ）鍵不放，拖曳至空白工作區域或「圖層」面板中的另一個工作區域。

拖曳拷貝後，能依工作區域的大小執行設計。

> **◎ POINT**
>
> 一次拖曳多個物件，會變成一個智慧型物件，所以請一個一個執行操作。

█ 在工作區域編輯物件並套用在其他工作區域

對工作區域內的智慧型物件執行更改顏色等編輯後，會同步套用在其他工作區域。選取智慧型物件，在「內容」面板中，按一下「**編輯內容**」，在編輯畫面中調整顏色後，再儲存關閉視窗，確認剛才的變更是否已經套用在其他工作區域。

① 選取物件
② 按一下

③ 編輯存檔後關閉，更改後的效果會套用在其他工作區域

SECTION

5.8

使用頻率

圖層的不透明度

利用不透明度透視下方圖層

設定圖層不透明度，可以透視下方圖層影像，而設定「填滿」的不透明度，可以保留圖層樣式，只調整填滿的不透明度。

設定圖層的不透明度

在圖層設定不透明度之後，即可**透視下方圖層影像**。

一般是在「圖層」面板執行設定，若要搭配其他圖層效果，請執行「圖層→圖層樣式→混合選項」命令，開啟「圖層樣式」對話框，設定「不透明」。

100% 是完全不透明，可以隱藏下方圖層，而 0% 是完全透明。

TIPS	不透明度的快速鍵

半形數字鍵可以設定圖層的不透明度。

0 是設定為 0%，00 是 100%，2 是 20%，8 是 80%。

TIPS	「不透明度」與「填滿」的不透明度有何差異

「圖層」面板有「不透明度」與「填滿」兩個設定不透明度的項目，兩者有何差別？

如果要一併設定後面要說明的陰影等圖層樣式的不透明度，請設定「不透明度」項目，若要保留圖層樣式，請設定「填滿」的不透明度。

填滿與圖層樣式的不透明度皆為50%　　只有填滿的不透明度變成0%

圖層面板的混合模式

利用圖層混合模式合成影像

「圖層」面板中的混合模式可以設定與下方圖層的合成方法。比較目前圖層與下方圖層的顏色，讓顏色產生變化，藉此呈現出有趣的影像與色彩效果。

利用混合模式合成圖層

尚未設定**混合模式**時，混合模式顯示為「**正常**」，直接顯示上方圖層（如果設定了不透明度，會透視下方圖層）。以下將在上面的圖層設定「變亮」混合模式。

① 原始影像的狀態

右圖是尚未套用混合模式的狀態，下方置入木紋地板，上方置入電腦、相機、花瓶的去背影像。

混合模式為「正常」，也沒有設定不透明度，所以看不見電腦與相機底下的木紋。

混合模式為「正常」

② 套用「變亮」

選取上方圖層，在**混合模式**選單中，執行「變亮」命令。

❶ 選取上面的圖層

❸ 套用「變亮」混合模式

❷ 選取「變亮」

③ 確認套用「變亮」混合模式的影像

在上方圖層套用「變亮」混合模式，我們可以看到電腦及相機的黑色部分變透明，顯示出底下的木紋。

相對而言，花朵比木紋明亮，所以維持原本的狀態。

> **POINT**
>
> 「變亮」是比較上下重疊部分的顏色，亮色當作結果色顯示。這個範例是電腦及相機的黑色部分消失，顯示出明亮的木紋。

疊上純色、漸層、紋理影像

在純色圖層或有紋路的紋理圖層套用色彩增值、加深顏色、加亮顏色、覆蓋等混合模式，可以完成填滿顏色的黑白影像或紋理風格影像。

原始影像

▶ 疊上純色圖層

以混合模式合成照片與純色圖層，可以營造出透視純色的濾鏡效果。

「**色彩增值**」會將純色顏色相乘。混合後的顏色會變得更深，就像 CMYK 模式的加法混色一樣，類似於油墨混合。

「**加深顏色**」會使底層的照片變暗，並增強對比度，呈現讓人印象深刻的效果。

「**覆蓋**」是當底層基調色的亮度超過 51% 時套用色彩增值，基調色的亮度低於 50% 則套用濾色，使亮部更亮，暗部更暗。

疊在上方的純色圖層

色彩增值

加深顏色

覆蓋

▶ 重疊漸層圖層

在上方疊上中央明亮，四周陰暗的放射狀漸層。

「**色彩增值**」與「**加深顏色**」會讓深色部分變得更深，營造出照射聚光燈般的效果。

「**分割**」是讓陰暗部分變明亮，周圍產生過曝的效果。

疊在上方的漸層圖層

色彩增值

加深顏色

分割

▶ 疊上套用濾鏡的紋理

在純色套用「彩色網屏」濾鏡，產生紋理後再套用「色彩增值」混合模式。

疊在上方的紋理圖層

色彩增值

複製影像並設定混合模式

想加強照片的明暗或對比時，可以拷貝照片，設定混合模式。

「色彩增值」能營造出更暗的氛圍，「濾色」可以讓影像變明亮。

套用「強烈光源」之後，會形成飽和度與對比強烈的影像。

拷貝下方的背景圖層

色彩增值

濾色

強烈光源

▶ 在拷貝影像套用「模糊」濾鏡營造柔焦效果

拷貝照片後，在套用「模糊」濾鏡的影像設定「變暗」或「變亮」等混合模式，可以營造出柔焦效果。

疊上套用模糊效果的拷貝圖層

變暗

拷貝照片，套用「模糊」濾鏡，設定不透明度，可以將底下清楚對焦的影像與上方的模糊影像融合在一起，形成獨特的柔焦效果。

模糊拷貝圖層並設定不透明度

完成獨特的柔焦效果

SECTION

5.10

設定混合選項

使用頻率

「增加圖層樣式」鈕→「混合選項」

「圖層樣式」對話框中的「混合選項」可以設定混合模式、不透明度及其他進階混合方式與混合範圍等。

設定混合選項

按一下「圖層」面板的「增加圖層樣式」鈕，執行「混合選項」命令。

① 執行「混合選項」命令

按一下「圖層」面板上的縮圖或圖層名稱。
在「圖層」面板選單執行「混合選項」命令，
或按一下「增加圖層樣式」鈕 *fx.*，執行**「混合選項」**命令。

❶ 選取圖層

❷ 按一下

❸ 選取

② 顯示混合選項

在**「圖層樣式」對話框**左邊的樣式清單中，顯示了選取「混合選項」的狀態。
「混合選項」可以設定混合模式、不透明度、進階混合、混合範圍等。

設定混合選項

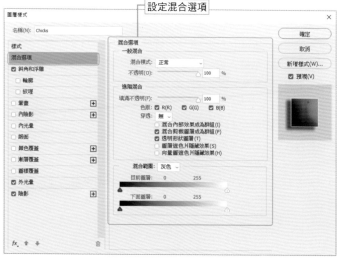

設定進階圖層樣式

▶ 填滿的不透明度

圖層的總不透明度會改變所有圖層的不透明度，但是「填滿的不透明度」可以在**不影響斜角和浮雕、陰影等圖層效果**的狀態下，設定不透明度。

圖層的總不透明度〔35%〕

填滿的不透明度〔35%〕

混合選項
一般混合

混合模式： 正常

不透明(O)： 35 %

進階混合

填滿不透明度(F)： 35 %
色版： ☑ R(R) ☑ G(G) ☑ B(B)
穿透： 無

☐ 混合內部效果成為群組(I)
☑ 混合剪裁圖層成為群組(P)
☑ 透明形狀圖層(T)
☐ 圖層遮色片隱藏效果(S)

「填滿不透明」不會套用在陰影等圖層效果上，只會
在物件的填滿套用不透明度。

▶ 色版

在圖層或圖層群組套用效果（剪裁遮色片或穿透等）時，可以限制繪圖，
只更改勾選的色版資料，預設是勾選 R、G、B。

▶ 穿過

在穿過的下拉式選單中，可以設定「挖剪」哪個圖層，顯示其他圖層內容。
「填滿不透明」愈接近 0%，愈可以看見該圖層下方的圖層。設定穿透後，
會穿過顯露局部影像。穿透條件如下所示。

在群組內的圖層設定穿透選項
在剪裁遮色片群組設定穿透選項

以下將在群組內的文字圖層設定穿透選項，群組本身的混合模式為「穿
過」。

群組的混合模式設定為「穿過」

在群組內的文字圖層效果名稱按兩下，開啟「圖層樣式」對話框，設定「混合選項」中的「穿透」。

因設定了填滿的不透明度而能透視下方圖層。

忽略圖層內的填滿樣式效果再穿透。

顯示在文字內的不是下方的形狀圖層而是在群組下方的圖層。

依照剪裁圖層群組停止穿透。

群組下方的圖層沒有顯示在文字內

混合範圍

這個功能是在兩個重疊的圖層之間，把影像明亮部分、陰暗部分或顏色值變窄，藉此**設定上方影像的顯示範圍**。

▶目前圖層

利用「目前圖層」滑桿縮小選取中圖層影像的色彩值（0-255）。往左移動滑桿會消除影像的黑色部分，往右移動滑桿是消除影像的白色部分，藉此顯示出下面的影像。

▶下面圖層

「下面圖層」滑桿是以下方圖層的影像為基準縮小顏色值，該值會作用在選取圖層。

107

陰影、內陰影、光暈、斜角和浮雕

設定圖層樣式

Photoshop 可以在圖層設定樣式，套用陰影、光暈、凹凸效果。以下將說明「混合選項」之外的樣式。

▌套用圖層樣式

① 套用圖層樣式

在「圖層」面板選取要套用樣式的圖層（這次是選取文字圖層）。

按一下「增加圖層樣式」鈕 *fx.*，選取要套用的樣式（**陰影**）。

❶ 選取圖層

❷ 按一下

❸ 選取

② 設定樣式（陰影）

開啟「圖層樣式」對話框，選取的樣式已經在左邊清單顯示為選取中。設定樣式（這個範例是指陰影）裡的各個項目，按下「確定」鈕。

> **TIPS** 同時設定多個圖層樣式
>
> 在「圖層樣式」對話框中，利用左邊的樣式清單，可以同時設定多個樣式。
>
> 組合之後，能獲得意想不到的樣式效果。

❺ 設定陰影

❻ 按一下

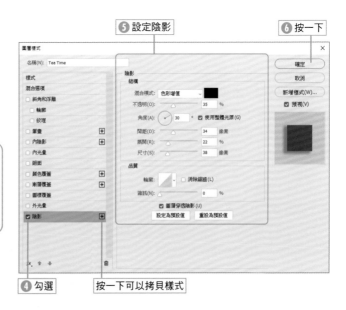

❹ 勾選

按一下可以拷貝樣式

(3) 套用樣式

在圖層套用圖層樣式。

圖層右邊顯示套用圖層效果的圖示 *fx*，下面顯示套用的效果名稱。

按一下 👁 可以隱藏套用的效果，在效果名稱按兩下，能開啟對話框重新編輯。

❼ 套用陰影

代表圖層樣式的符號

按兩下可以開啟「圖層樣式」對話框

▍陰影

陰影是在影像、文字、形狀加上影子營造出立體感。你可以調整陰影的長度、角度、模糊幅度、雜訊、陰影形狀，完成你喜歡的陰影效果。

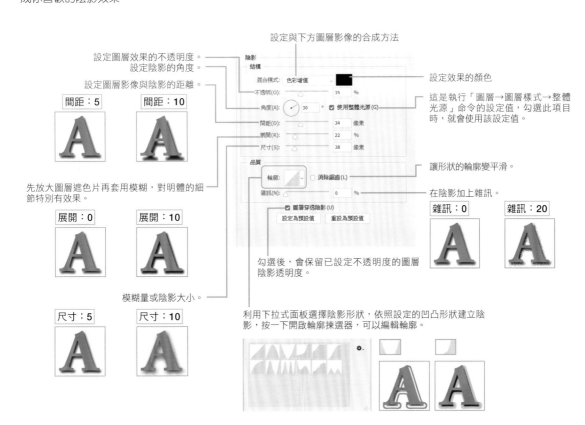

設定與下方圖層影像的合成方法

設定圖層效果的不透明度。
設定陰影的角度。
設定圖層影像與陰影的距離。

間距：5　　間距：10

先放大圖層遮色片再套用模糊，對明體的細節特別有效果。

展開：0　　展開：10

模糊量或陰影大小。

尺寸：5　　尺寸：10

設定效果的顏色

這是執行「圖層→圖層樣式→整體光源」命令的設定值，勾選此項目時，就會使用該設定值。

讓形狀的輪廓變平滑。

在陰影加上雜訊。

雜訊：0　　雜訊：20

勾選後，會保留已設定不透明度的圖層陰影透明度。

利用下拉式面板選擇陰影形狀，依照設定的凹凸形狀建立陰影，按一下開啟輪廓揀選器，可以編輯輪廓。

內陰影

內陰影是在影像內部加上影子。

以文字為例，可以呈現出文字往內凹陷的效果。

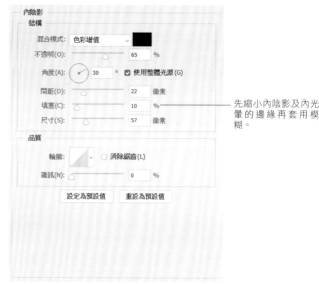

先縮小內陰影及內光暈的邊緣再套用模糊。

外光暈

模糊影像外側，營造出由後面照射光線的效果。

使用這個圖層樣式可以營造出噴槍的霧化效果。

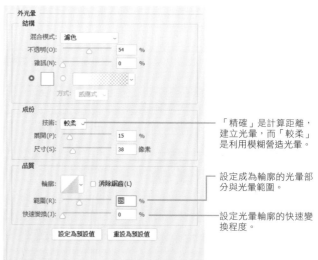

「精確」是計算距離，建立光暈，而「較柔」是利用模糊營造光暈。

設定成為輪廓的光暈部分與光暈範圍。

設定光暈輪廓的快速變換程度。

內光暈

從影像輪廓開始模糊內部。選取「居中」是在影像邊緣以外的中央套用光暈，選取「邊緣」是在影像輪廓的內側套用光暈。

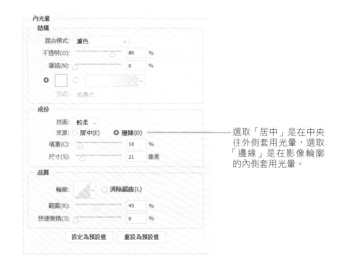

選取「居中」是在中央往外側套用光暈，選取「邊緣」是在影像輪廓的內側套用光暈。

▌斜角和浮雕

可以營造出影像一邊明亮，另一邊陰暗的效果。套用此圖層樣式，可以再套用「輪廓」、「紋理」樣式。

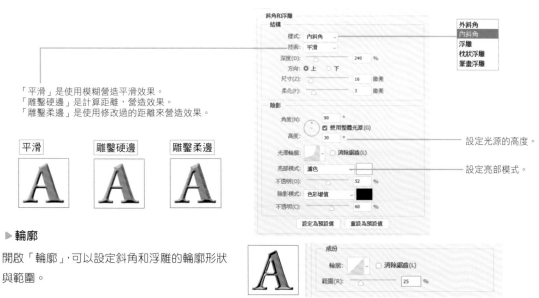

「平滑」是使用模糊營造平滑效果。
「雕鑿硬邊」是計算距離，營造效果。
「雕鑿柔邊」是使用修改過的距離來營造效果。

設定光源的高度。

設定亮部模式。

▶ 輪廓

開啟「輪廓」，可以設定斜角和浮雕的輪廓形狀與範圍。

▶紋理

開啟「紋理」，可以選擇紋理，將斜角和浮雕套用在圖層影像上。

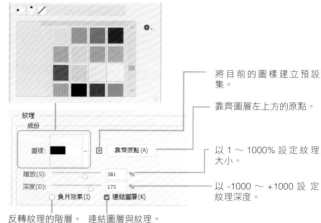

將目前的圖樣建立預設集。

靠齊圖層左上方的原點。

以 1～1000% 設定紋理大小。

以 -1000～+1000 設定紋理深度。

反轉紋理的階層。　連結圖層與紋理。

緞面

根據圖層內的影像形狀套用色調。

顏色、漸層、圖樣覆蓋

設定圖層內非透明部分的顏色、漸層、圖樣，以指定的混合條件填滿，還可以設定不透明度。在「圖層」面板中，開啟「鎖定透明像素」，套用填滿或漸層也能獲得相同效果。

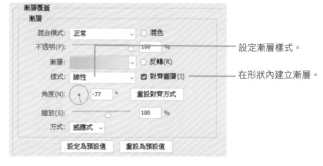

設定漸層樣式。

在形狀內建立漸層。

拷貝＆貼上圖層樣式

已經設定好的圖層效果可以單獨拷貝樣式，貼至其他圖層或其他文件的圖層。

① 執行「拷貝圖層樣式」命令

選取已經套用圖層樣式的圖層，執行「圖層→圖層樣式→**拷貝圖層樣式**」命令。

② 貼上圖層樣式

開啟其他影像，選取圖層（這個範例選取了文字圖層）。

執行「圖層→圖層樣式→**貼上圖層樣式**」命令。

③ 套用圖層樣式

在其他影像的文字圖層套用圖層樣式。

隱藏、清除圖層樣式

你隨時都可以將套用在圖層的樣式隱藏或刪除。

選取套用了圖層樣式的圖層，執行「圖層→圖層樣式→隱藏全部效果」命令，可以隱藏所有的圖層效果。

選取套用效果的圖層，執行「圖層→圖層樣式→清除圖層樣式」命令，可以刪除圖層樣式。

把「圖層」面板中的「圖層樣式」項目拖曳到垃圾桶 🗑，也可以刪除圖層樣式，這種方法比較方便。

按一下這裡會顯示圖層樣式

拖曳可以刪除圖層樣式

縮放圖層效果

執行「圖層→圖層樣式→縮放效果」命令，可以設定套用在圖層的效果比例（%）進行縮放。

將圖層樣式轉換成影像圖層

套用在圖層的效果可以獨立成其他影像圖層，把圖層樣式轉換成影像圖層後，就能套用濾鏡或繪圖。

① 執行「建立圖層」命令

選取套用圖層樣式的圖層，執行「圖層→圖層樣式→建立圖層」命令，按下「確定」鈕。

① 按一下

② 分離圖層效果

套用在圖層的樣式經過點陣化，變成其他圖層，轉換成影像圖層。

建立樣式的影像圖層會對原始圖層物件套用剪裁遮色片。

② 分離效果

樣式面板、新增樣式

運用「樣式」面板

在「樣式」面板中，已把多種圖層樣式儲存成預設集，只要將自訂的圖層樣式儲存在「樣式」面板，之後就能套用在其他圖層。

套用「樣式」面板的樣式

❶ 選取圖層

① 選取圖層

選取要套用樣式的圖層，這次選取了文字圖層。

> **◎POINT**
>
> 如果畫面上沒有顯示「樣式」面板，請執行「視窗→樣式」命令，開啟「樣式」面板。

② 在圖層套用樣式

按一下**「樣式」面板**中已儲存的樣式，即可把樣式套用在選取的圖層上。

❸ 套用

❷ 按一下套用

TIPS　將圖層樣式儲存至「樣式」面板

把已經建立的圖層樣式儲存在「樣式」面板，之後可以套用在其他圖層上。

選取已經設定了圖層樣式的圖層，按下「樣式」面板的「建立新樣式」鈕。

勾選「新增至我目前的資料庫」，可以將樣式儲存在 CC 資料庫，其他 CC 應用程式也可以使用該樣式。

設定樣式名稱

將樣式新增至資料庫。

關閉後，不會包含圖層的混合選項。

關閉後，圖層效果不會包含在樣式內。

縮放、變形控制項、移動工具

縮放圖層影像

圖層內的影像可以拖曳變形控制項的控制點進行縮放，調整尺寸。執行「編輯→任意變形」命令，也可以變形影像。「內容感知比例」能在縮放時，保護不想被影響的部分。

▌縮放圖層內的影像

使用**變形控制項**可以快速縮放圖層影像。

① 選取圖層

在「圖層」面板選取圖層或群組。

② 顯示變形控制項

在「移動工具」 ✛. 的工具選項列，勾選「**顯示變形控制項**」，或執行「編輯→**任意變形**」命令（ Ctrl ＋ [T]）。

③ 拖曳控制點

此時會顯示變形控制項，拖曳四邊或中央的控制點即可縮放影像。

拖曳操作是以固定長寬比的狀態變形影像，而按住 Shift ＋拖曳，能以不固定長寬比的方式變形影像。變形時，設定工具選項列的 W、H 數值，能以正確的尺寸變形影像。
按下 Enter 鍵，確定縮放。

> **◎POINT**
>
> 變形時，使用了「偏好設定→一般」設定的影像內插補點方式。如果不進行影像內插補點，又要避免影像畫質變差，請先**轉換成智慧型物件再變形**（請參考 123 頁）。
> 變形時，利用工具選項列的內插補點選單，也可以設定內插補點方法。

> **◎POINT**
>
> 變形時，勾選工具選項列切換參考點的核取方塊，可以調整**變形參考點**的顯示位置。

內容感知比率

縮放影像時，如果有特定部分不需要縮放，可以執行「編輯→內容感知比率」命令。先建立 Alpha 色版，就能保護重要部分。

① 建立 Alpha 色版

把不想縮放的影像部分**建立 Alpha 色版**。
這個範例是選取貓咪，儲存選取範圍，建立 Alpha 色版（儲存方法請參考 75 頁）。

> **◆POINT**
>
> 如果開啟的影像為「背景」圖層，先按一下 🔒，轉換成一般圖層，再執行「編輯→版面尺寸」，放大左右尺寸。

① 開啟影像，擴大左右區域

② 建立Alpha色版

③ 指定Alpha色版

② 依內容縮放大小

選取要縮放的對象，執行「編輯→**內容感知比率**」命令。
在工具選項列的「保護」選取 Alpha 色版。
往左右拖曳控制點放大影像，受到保護的部分不會被影響，只放大背景影像。

只擴大背景部分

④ 按住 Shift + 往左右拖曳

③ 沒有在「保護」項目設定色版時

即使工具選項列的「保護」沒有設定 Alpha 色版，也有一定程度的影像辨識率，可以保護主要物件。如果是人物，開啟「**保護皮膚色調**」的效果更好。

保護皮膚色調

即使「保護」沒有指定Alpha色版，也會保護貓咪部分

旋轉、變形控制項、移動工具

旋轉圖層影像

使用變形控制項,能以基準點為中心旋轉圖層影像。

▌旋轉圖層影像

和縮放影像一樣,使用變形控制項的控制點也可以旋轉圖層內的影像。

變形控制項

④ 拖曳

③ 顯示旋轉游標

① 選取

① 顯示變形控制項

選取要旋轉的圖層或群組,在「移動工具」 ⊕. 的工具選項列勾選「**顯示變形控制項**」。

② 勾選

② 拖曳旋轉控制點

將游標移動到控制點略微外側的位置,直接拖曳旋轉控制點 ↳,就可以旋轉影像。工具選項列可以設定旋轉影像時的基準位置。

在工具選項列設定變形時的角度,可以精準控制影像的旋轉角度。

輸入角度可以精準旋轉影像

③ 確定變形

按下 Enter 鍵或工具選項列的「確認變形」鈕 ✓,確定變形。

TIPS **旋轉 90 度、180 度**

「編輯→變形」的子選單包括「旋轉 180 度」、「順時針旋轉 90 度」、「逆時針旋轉 90 度」。

TIPS **以 15 度為單位旋轉影像**

按住 Shift 鍵不放並拖曳,可以將旋轉角度限制成以 15 度為單位。

⑤ 按一下

傾斜、扭曲、透視、翻轉

任意變形圖層

使用變形控制項能以基準點為中心旋轉圖層影像。

傾斜圖層影像

① 往水平、垂直方向移動四邊

執行「編輯→變形→**傾斜**」命令，拖曳四邊中央的控制點，可以往水平、垂直方向移動。

> **TIPS** 對稱傾斜影像中心
>
> 按住 Alt 鍵不放並拖曳，可以將影像的原點當作軸心，對稱傾斜影像。

② 往水平、垂直方向移動四邊

拖曳邊角控制點，可以讓邊角往水平、垂直方向移動。

❶ 拖曳中央控制點

❷ 拖曳邊角控制點

扭曲圖層影像

執行「編輯→變形→扭曲」命令，可以往各個方向伸縮圖層內的影像。

① 往任意位置移動控制點

拖曳「**扭曲**」顯示的控制點，可以移動、變形拖曳的控制點。

> **◎POINT**
>
> 如果以形狀或路徑為對象，執行「編輯→變形」命令，名稱會變成「變形路徑」。

往任意位置拖曳控制點

▌透視

如果要縮放圖層影像的其中一邊，呈現透視狀態，可以執行「編輯→變形→**透視**」命令。

---

① 往左右或上下對稱變形各邊

拖曳控制點，以左右或上下對稱方式變形各邊。

> ◎POINT
>
> 使用變形控制項變形時，可以按住 [Shift] + [Ctrl] + [Alt] 鍵不放並拖曳控制點。

▌翻轉圖層影像

執行「編輯→變形→垂直翻轉」命令，或執行「編輯→變形→水平翻轉」命令，可以翻轉圖層影像。把控制點往相對方向拖曳，能以任意幅度翻轉影像。

水平翻轉

垂直翻轉

拖曳，以任意幅度翻轉

往相反方向拖曳控制點

彎曲、操控彎曲、透視彎曲

利用彎曲與透視變形影像

Photoshop 可以使用「彎曲」、「操控彎曲」、「透視彎曲」拖曳路徑或圖釘，變形圖層上的影像或校正傾斜問題。

利用彎曲變形影像

除了文字之外，也可以對圖層內的物件或形狀套用彎曲。

① 顯示網紋

選取要套用彎曲的圖層。

執行「編輯→變形→**彎曲**」命令，顯示網紋。

❶ 顯示網紋

② 建立彎曲形狀

拖曳網紋的控制點或方向線，建立彎曲形狀。決定形狀之後，按下選項列的「確認變形」鈕，或按下 Enter 鍵。

◎ POINT

執行彎曲命令後，「編輯」選單的「變形」命令中，會包括「水平分割彎曲」與「垂直分割彎曲」等增加分割線的命令。

❷ 拖曳控制點或方向線

❸ 按下 Enter 鍵確定

▶ 利用工具選項列套用彎曲

選取選項列事先準備好的形狀，也可以套用彎曲效果。

拱形

波形效果

選取形狀

利用操控彎曲變形影像

操控彎曲是將網紋視覺化，可以在不影響其他區域的情況下，變形圖層、圖層遮色片、向量遮色片。

①顯示網紋

① 顯示網紋

選取要變形的圖層，執行「編輯→**操控彎曲**」命令，在圖層影像上顯示網紋。

② 在網紋放置圖釘

按一下網紋，置入變形或固定影像的圖釘。

> **POINT**
>
> 在智慧型物件套用變形效果，不會讓畫質變差。另外，文字要先點陣化再變形。

②逐一置入圖釘

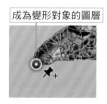

成為變形對象的圖層

按住 Alt 鍵不放，游標接近圖釘附近時，在圖釘周圍會顯示圓形，沿著圓周拖曳，能以圖釘為中心，旋轉變形影像。

③ 拖曳圖釘

拖曳其中一個圖釘，**可以變形拖曳區域，其他圖釘維持不動。**

按下 Enter 鍵，確定變形效果。

> **POINT**
>
> 按住 Alt 鍵不放並按一下，可以刪除圖層。如果圖層混雜重疊在一起，按下工具選項列的「圖釘深度」鈕 ，可以更改重疊順序。

③拖曳變形

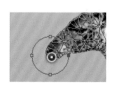

網紋的伸縮性　網紋的間隔

網紋外框大小

透視彎曲

「編輯」選單的「透視彎曲」會置入四邊形，移動四邊形的圖釘，可以校正以廣角鏡頭拍攝大樓等建築物時產生的透視變形。

①依照形狀在四邊形置入圖釘

②按一下　**④按一下**

③拖曳圖釘

變形也不會影響品質的智慧型物件

「智慧型物件」是可以維持原始影像品質，放大、縮小、旋轉、彎曲、調整解析度、套用濾鏡的非破壞性編輯功能。

何謂變形也不會影響品質的智慧型物件

智慧型物件是可以讓文件內的照片或形狀等**原始資料維持內容精細度的圖層**，即使放大、縮小、變形，也不會損害原始資料。

以下情況可以建立智慧型物件。

① 對圖層影像執行「圖層→智慧型物件→轉換為智慧型物件」命令，進行轉換
② 以**嵌入方式置入**的照片影像、形狀
③ 以**連結方式置入**的照片影像、形狀
④ 執行「檔案→**開啟為智慧型物件**」命令的影像（嵌入）
⑤ 執行「濾鏡→**轉換成智慧型濾鏡**」命令的影像（嵌入）
⑥ 在 Camera Raw 的工作流程選項，以「在 Photoshop 中開啟為智慧型物件」的 Raw 檔案
⑦ 拷貝 Illustrator 物件，貼至 Photoshop 時，選取「智慧型物件」

▶ 智慧型物件的種類

以下是以置入連結、置入嵌入物件、由 CC 資料庫置入（連結置入）、在框架以連結置入智慧型物件的「圖層」面板狀態。你可以看到各個圖層的圖示形狀都不一樣。

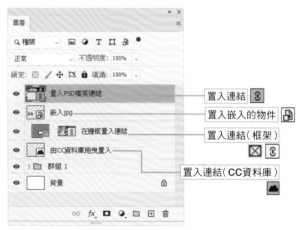

⊘POINT

選取多個圖層或群組，轉換成智慧型物件時，會整合成一個智慧型物件。

⊘POINT

在智慧型物件套用濾鏡，會變成**智慧型濾鏡**，可以和圖層樣式一樣，利用圖層控制濾鏡效果（請參考 246 頁）。

123

編輯智慧型物件

在智慧型物件套用調整、圖層樣式、不透明度、混合模式、濾鏡，可以調整影像。

① 執行「編輯內容」命令

在智慧型物件圖層上按右鍵，執行「**編輯內容**」命令。

或者在「內容」面板按一下「編輯內容」。

❶ 選取圖層

❷ 按一下

② 在編輯視窗進行調整。

開啟置入連結或嵌入的原始影像。

編輯內容後，存檔關閉視窗。

❸ 開啟原始檔

❹ 編輯後存檔，關閉視窗

> **TIPS 找不到連結檔案**
>
> 把連結的檔案移動到別處，圖層會顯示紅色？符號。在圖層按右鍵，執行「重新連結至檔案」命令，選取要連結的原始檔案，即可恢復連結。
>
> 👁 🖼 置入PSD檔案連結
>
> 切斷連結的符號

③ 在智慧型物件套用編輯效果

存檔關閉視窗後，編輯效果就會套用在智慧型物件上。

假如在其他檔案置入相同的原始影像，編輯結果也會套用在其他檔案。

❺ 在智慧型物件套用更改後的內容

> **◎POINT**
>
> 在「圖層」面板的圖層按右鍵，執行「更新所有修改過後的內容」命令，可以更新已經修改過的所有內容。

▋將嵌入連結的智慧型物件轉換成置入連結的智慧型物件

嵌入連結的智慧型物件可以轉換成置入連結的智慧型物件，置入連結的智慧型物件也能轉換成嵌入連結的智慧型物件。

① 嵌入物件轉換成連結物件

在「圖層」面板的嵌入物件圖層按右鍵，執行「**轉換為連結物件**」命令。

也可以在「內容」面板按一下「**轉換為連結物件**」。

② 使用存檔對話框儲存檔案

開啟「另存新檔」對話框，設定檔案名稱及存檔位置，儲存連結檔案。

▋置入連結的智慧型物件轉換成嵌入連結的智慧型物件

反之，也可以將置入連結的智慧型物件轉換成嵌入連結的智慧型物件。

① 連結物件轉換成嵌入物件

在「圖層」面板的連結物件圖層按右鍵，執行「**嵌入連結物件**」命令。

或在「內容」面板按一下「**嵌入**」。

◉ POINT

如果是與「邊框工具」的邊框連結的影像時，請按一下選取「圖層」面板的內容縮圖。

邊框工具

在邊框置入影像

在以「邊框工具」建立的邊框內置入影像，可以建立邊框圖層，以邊框遮住該影像。形狀可以轉換成邊框，能在各種形狀的邊框內置入影像。

使用「邊框工具」

使用「邊框工具」⊠ 建立邊框再置入影像。這裡的重點是邊框與內容影像的關係，請一邊調整大小與位置，一邊掌握兩者的關聯性。

① 繪製邊框

選取工具列的「**邊框工具**」⊠ ，在文件內拖曳出邊框大小。如果要繪製橢圓形邊框，請在工具選項列選取橢圓邊框再繪製。在「圖層」面板建立名為「邊框 1」的**邊框圖層**。

> ⊙POINT
>
> 如果要**將形狀轉換成邊框**，請在「圖層」面板的形狀圖層按右鍵，執行「**轉換為邊框**」命令，在對話框設定名稱，再按下「確定」鈕。

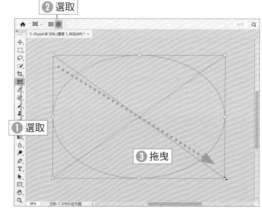

② 選取

① 選取

③ 拖曳

② 在邊框內置入影像

有五種方法可以在邊框內置入影像，這些方法都是把影像置入為**智慧型物件**。

1. 從 CC 資料庫或檔案夾拖曳（置入連結物件）
2. 從本機拖曳（置入嵌入物件）
3. 執行「檔案→置入嵌入的物件」命令
4. 執行「檔案→置入連結的智慧型物件」命令
5. 把像素圖層拖曳到邊框圖層

這個範例將從「**資料庫**」面板拖曳置入影像。在「圖層」面板的邊框圖層中有兩個縮圖，包括**邊框縮圖**與**內容縮圖**。

④ 拖曳至邊框內

邊框縮圖　　內容縮圖

> ⊙POINT
>
> 從本機拖曳影像時，按下 Alt 鍵，會變成置入連結物件。
>
> 從資料庫拖曳影像時，按下 Alt 鍵，會變成置入嵌入物件。

③ 調整內容影像的大小及位置

置入的影像會依照邊框大小自動縮放。

如果要**單獨選取內容影像**，調整大小或位置，請在版面中的影像按兩下，或按一下「圖層」面板的內容縮圖。

拖曳影像內部可以調整位置，按下 Ctrl + [T] 鍵顯示變形控制項，拖曳控制點即可調整大小。

> **POINT**
>
> 如果要編輯置入邊框內的影像，請選取邊框的內容影像，在「內容」面板按一下「編輯內容」。

④ 移動邊框與調整邊框大小

如果要**單獨選取邊框**，請按一下版面上的邊框邊緣，或按一下「圖層」面板中的縮圖。

拖曳控制點可以縮放邊框，拖曳影像內部能單獨移動邊框。

> **POINT**
>
> 選取「圖層」面板的邊框縮圖，可以在「內容」面板設定**邊框的線條顏色與粗細**。
>
>

⑤ 同時選取邊框與影像

如果要**同時選取邊框與內容影像**，請按一下畫布的邊框，或按一下邊框圖層。

在此狀態下，可以同時放大、縮小、移動邊框與內容影像。

> **POINT**
>
> 以 **CC 2018** 之前的版本開啟含邊框的 **PSD 檔案**時，會將邊框圖層當作智慧型物件，並在上面顯示向量遮色片。

⑤ 按兩下　　　　　　　　　　或按一下內容縮圖

⑥ 只放大內容影像　　　⑦ 只移動內容影像

或按一下邊框縮圖

⑧ 按一下

⑨ 只縮小邊框　　　　　⑩ 只移動邊框

⑪ 按一下

或按一下邊框圖層

在圖層構圖儲存圖層狀態

以往提出設計構圖時，會在圖層置入構圖，以顯示或隱藏圖層的方式向客戶簡報，但是利用「圖層構圖」功能，可以將圖層狀態命名存檔，只要在面板中選取構圖名稱，即可顯示已經儲存的圖層狀態。

何謂圖層構圖

執行平面設計或網頁設計時，通常會提供客戶幾種設計。

使用圖層構圖，可以將**圖層狀態（顯示或隱藏、階層順序等）**儲存在「**圖層構圖**」面板中，不需要手動切換顯示或隱藏圖層。

以下要說明如何建立切換網頁背景影像的圖層構圖。

① 設定「顯示／隱藏」

在「圖層」面板中，設定顯示／隱藏圖層，調整成想當作設計構圖的狀態。

❶隱藏圖層　　顯示這些圖層

② 按一下「建立新增圖層構圖」

按一下「建立新增圖層構圖」鈕 ⊞，建立新的圖層構圖。

❷按一下

③ 輸入圖層構圖的名稱

③ 設定圖層構圖

在「新增圖層構圖」對話框中輸入圖層構圖名稱，在「套用到圖層」勾選要記錄在圖層構圖內的項目。

請視狀況輸入註解，再按下「確定」鈕。

> **◉ POINT**
>
> 在構圖上更改這裡勾選的項目（這個範例是指切換顯示／隱藏）時，「前次文件狀態」會顯示成作用中，呈現比已儲存的圖層構圖還新的狀態。
>
> 如果想把位置與圖層效果也儲存在圖層構圖中，請先勾選「位置」與「外觀」。

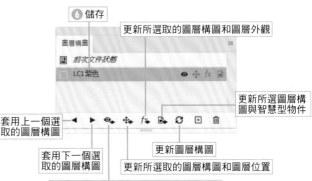

④ 儲存圖層構圖

將圖層的顯示／隱藏狀態儲存成圖層構圖。

⑤ 儲存其他圖層構圖

接著，改成顯示其他影像的狀態，建立新的圖層構圖。

這次是顯示更改選單的顏色、標題的照片、調整設計後的圖層。

> **◉ POINT**
>
> 這裡只勾選「可見度」，所以更改圖層的「顯示／隱藏」狀態後，在「圖層構圖」面板的「前次文件狀態」會顯示為作用中。
>
> 增加、更改位置或圖層樣式時，也會反映在圖層構圖上，請特別留意。

> **◉ POINT**
>
> 「檔案」選單的「轉存」子選單中，可以執行**「將圖層構圖轉存成 PDF」、「將圖層構圖轉存成檔案」**命令。

按一下可以顯示圖層構圖的狀態

對齊、分配、自動對齊圖層

對齊圖層影像

選取多個已經連結的圖層影像，可以對齊或等距排列影像。
使用「自動對齊圖層」能把左右連續的照片連在一起，成為全景照片。

對齊圖層

① 選取多個圖層並設定連結

選取要對齊的圖層或圖層群組，按一下「連結
圖層」鈕 ⊷，設定連結。

② 按一下基準圖層

在連結的圖層中，**選取當作基準的圖層**。

> **◈POINT**
>
> 假如要暫時取消連結圖層，請按住 Shift 鍵不
> 放並按一下連結圖示。
>
> ┌─ 變成無效的連結圖示

③ 對齊

按一下工具選項列的**「對齊頂端邊緣」** ▛。
如果沒有設定連結圖層，只選取了基準圖層
時，請先執行「圖層→使圖層對齊選取範圍」
命令。
選取的圖層會以物件的頂端為基準對齊。

❶ 選取多個圖層

❸ 按一下基準圖層

❷ 設定連結

❺ 連結圖層會對齊基準圖層的頂端

❹ 按一下

> **◈POINT**
>
> 在工具選項列的「對齊至」選取「畫布」，
> 選取的圖層會以畫布為基準對齊。
> 只選取一個圖層時，該圖
> 層的物件會對齊畫布端。
>
> 對齊至：
> 選取範圍
> 選取範圍
> 畫布

對齊或均分排列文字圖層時，必須先點陣化才能排在正確的位置上。

均分排列圖層影像

「圖層」選單的「均分」是依照基準線平均排列選取的圖層影像。與對齊不同，選取任何一個圖層的效果都一樣。

原始影像
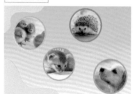

頂端

垂直居中

底部
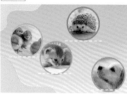

左側
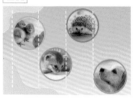

水平居中
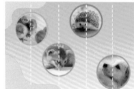

右側
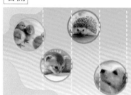

自動對齊圖層

可以自動連接全景影像等接縫重複的影像。視訊影格也能將影格轉換成圖層再對齊。

① 在圖層置入影像

這次要建立全景圖，所以在圖層置入五張照片，圖層影像可以隨意排列。
請注意照片大小必須一致。

> **POINT**
> 執行「檔案→指令碼→將檔案載入堆疊」命令，可以將多個檔案載入為圖層。

❶ 將影像置入圖層中

❷ 選取多個圖層

若有不想移動的圖層請先鎖定

② 選取圖層

按住 Shift 鍵不放並選取「圖層」面板中想對齊的圖層。

③ 執行「自動對齊圖層」命令

執行「編輯→**自動對齊圖層**」命令,開啟選擇
對齊方法的對話框。

這個範例選取了「自動」。

④ 自動對齊

自動對齊圖層,排列成適當的狀態。

假如不成功,請試試對話框中的「透視」、「圓
筒式」、「重新定位」。

選取了透視時

TIPS 自動混合圖層

多個圖層的接縫不一致,或曝光度有差異時,執行「編輯→自動混合圖層」命令,可以讓影像變平滑,以調整色調後的狀態接合,處理之後會在每個圖層建立遮色片。

合成前

合成後

圖層遮色片

利用圖層遮色片控制選取狀態

圖層遮色片是可以把圖層內的選取部分當作遮色片範圍來控制的功能。遮住之後，該部分會被裁切，變成透明。假如裁切範圍不適當，可以擴大、縮小遮色片區域進行調整。

▌由選取範圍建立圖層遮色片

❶ 建立選取範圍

① 選取影像範圍

建立要製作圖層遮色片的選取範圍（這個範例是指人物部分）。

> **TIPS** 選取影像的快速鍵
>
> 按下 Ctrl ＋按一下「圖層」面板縮圖，可以選取圖層內辨識為影像的範圍（透明部分除外）。

② 選取圖層

在「圖層」面板中，選取要建立圖層遮色片的圖層。

③ 將選取範圍以外的部分建立遮色片

按一下「圖層」面板的「**增加遮色片**」鈕 ◘，可以建立圖層遮色片，遮住選取範圍以外的部分，顯示出下方圖層。

❷ 選取圖層

❸ 按一下

> **◆POINT**
>
> 也可以執行「圖層→圖層遮色片→顯現選取範圍」命令。

④ 顯示遮色片縮圖

遮住選取範圍以外的部分，該部分變成透明，顯示出下方圖層影像。

影像圖示的右邊會顯示**遮色片縮圖**。

在圖層影像縮圖與圖層遮色片縮圖之間顯示**連結圖示**。

連結圖示

遮色片縮圖

除了選取的人物，其他部分被遮住受到保護。因為變成透明而顯示出下方圖層。

編輯圖層遮色片

選取遮色片縮圖，可以執行填滿，或利用「內容」面板調整密度、羽化、遮色片範圍等操作。
以黑色填滿時，可以顯示出下方影像。
以灰色填滿時，可以顯示出以中間調合成背景的效果。
還可以設定漸層，套用各種效果。

① 按一下圖層遮色片縮圖

按一下圖層遮色片的縮圖，形成可以編輯圖層
遮色片的狀態。

② 調整圖層遮色片

填滿圖層遮色片，加上漸層，或在**「內容」面**
板調整密度或羽化效果。

利用「內容」面板加上模糊效果

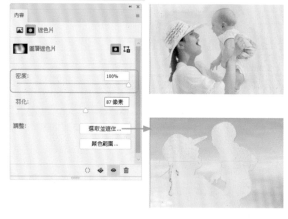

以50%灰色填滿

加上漸層

▶ 設定「隱藏選取範圍」

建立當作圖層遮色片的選取範圍，執行「圖層
→圖層遮色片→**隱藏選取範圍**」命令，即可遮
住選取範圍，隱藏起來。
按下 Alt +按一下「圖層」面板的「增加遮
色片」鈕 ◻ (Mac 為 option +按一下)，也有
同樣的效果。

遮住選取範圍，透出下方圖層

「內容」面板的設定項目

在「圖層」面板按一下遮色片縮圖,「內容」面板就會切換成與遮色片有關的畫面。

「內容」面板可以將選取範圍或路徑範圍轉換成遮色片,或調整遮色片密度、羽化,利用「選取並遮住」工作區域調整內容,設定遮色片的顏色範圍等。

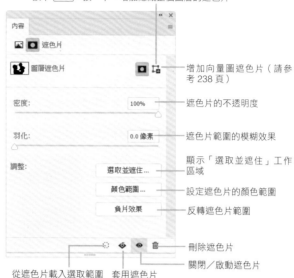

按下 Alt + 按一下,增加隱藏整個圖層的遮色片

増加向量圖遮色片(請參考 238 頁)

遮色片的不透明度

遮色片範圍的模糊效果

顯示「選取並遮住」工作區域

設定遮色片的顏色範圍

反轉遮色片範圍

刪除遮色片

關閉/啟動遮色片

從遮色片載入選取範圍　套用遮色片

> **TIPS　向量圖遮色片**
>
> 圖層遮色片是在遮色片使用點陣圖影像,而向量圖遮色片(238 頁)是在遮色片使用路徑。日後若要更改遮色片形狀,或裁切商品照片,使用向量圖遮色片比較方便。

> **TIPS　取消圖層遮色片**
>
> 按住 Shift 鍵不放並按一下「圖層」面板的遮色片縮圖,遮色片縮圖會顯示紅色 × 符號。按下「內容」面板的「關閉/啟動遮色片」鈕 ●,也可以停用圖層遮色片。

Shift + 按一下

或在這裡按一下　取消圖層遮色片

> **TIPS　為所有物件套用遮色片**
>
> 利用「**物件選取工具**」的「物件尋找工具」辨識選取物件,在影像圖層按右鍵,執行「為所有物件套用遮色片」命令,所有辨識的物件會建立遮色片圖層群組。

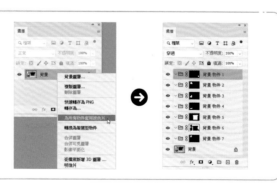

SECTION

5.22

剪裁遮色片

建立剪裁遮色片

使用頻率

剪裁遮色片可以使用圖層上的影像遮住上方圖層。除了影像之外,文字、形狀也能當作遮色片使用。上方多個相鄰的圖層都可以建立剪裁遮色片。

---

① 按一下圖層的邊緣

在圖層之間的邊緣,按住 Alt 鍵（Mac 為 option 鍵）,當游標變成 ⌐□ 之後,再按一下。

◎POINT

也可以在上面的圖層按右鍵,執行「建立剪裁遮色片」命令。

② 建立剪裁遮色片

上下圖層變成群組,下方影像的透明部分（文字的外側）變成上方影像的遮色片。

在下方的基本圖層顯示底線,上方被遮住的圖層縮圖往右,顯示 ↓ 圖示。

右邊的範例是在文字圖層上方的大海影像建立剪裁遮色片。

② 建立剪裁遮色片

◎POINT

你可以視狀況先將兩個圖層建立連結。

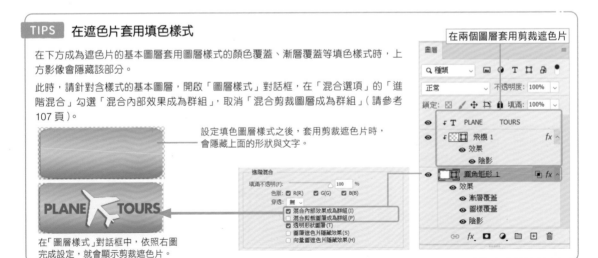

TIPS　在遮色片套用填色樣式

在下方成為遮色片的基本圖層套用圖層樣式的顏色覆蓋、漸層覆蓋等填色樣式時,上方影像會隱藏該部分。

此時,請針對含樣式的基本圖層,開啟「圖層樣式」對話框,在「混合選項」的「進階混合」勾選「混合內部效果成為群組」,取消「混合剪裁圖層成為群組」（請參考 107 頁）。

設定填色圖層樣式之後,套用剪裁遮色片時,會隱藏上面的形狀與文字。

在「圖層樣式」對話框中,依照右圖完成設定,就會顯示剪裁遮色片。

136

文字圖層與填色圖層

圖層除了影像圖層之外，也包括了文字圖層、填色圖層。

設計 LOGO 或 UI 時，輸入文字，建立文字圖層是不可或缺的重要功能。

文字工具、單列文字、段落文字

輸入文字

Photoshop 除了可以合成、編修照片之外,也可以在照片輸入文字進行設計。使用文字工具可以輸入文字,輸入文字後還能調整文字大小、顏色及效果。

使用文字工具可以在 Photoshop 文件輸入文字。文字工具包括「水平文字工具」與「垂直文字工具」,按一下畫面,即可從游標閃爍處開始輸入文字。

① 選取「水平文字工具」 T.

按一下工具列的「**水平文字工具**」 T.。
Photoshop 可以在按一下的位置直接輸入文字。按一下畫面再輸入可以建立「**錨點文字**」。

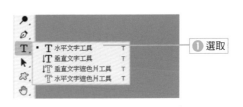

② 在輸入文字的位置按一下

在視窗內要開始輸入文字的位置按一下,可以在「圖層」面板建立**文字圖層**。

❷ 設定文字的格式

❸ 在開始輸入文字的位置按一下

③ 設定文字格式

工具選項列切換成文字工具的選項,可以設定格式或顏色,執行**字型、樣式、大小、顏色、對齊等設定**(請參考 142 頁)。
「**字元**」面板也可以設定格式。
在選取文字工具的狀態下,設定格式後,也可以輸入文字。

④ 建立文字圖層

使用「**水平文字工具**」 T. 在影像上按一下,「圖層」面板會建立新的文字圖層。

❹ 建立文字圖層

⑤ 輸入文字並確定

輸入文字，按下 Enter 鍵（Mac 為 [return] 鍵）可以換行。輸入完畢，按下工具選項列右邊的「確定」鈕 ✓，確定輸入（或可按下 Enter 鍵）。按一下文字方塊外側也能確定輸入。

按下「取消」鈕 ⊘，可以取消輸入，不會建立文字圖層。

⑥ 按一下

⑤ 輸入文字

▌在文字區域輸入文字（段落文字）

使用「水平文字工具」T, 拖曳，可以在矩形的文字區域輸入文字，在區域右邊、下方**換行**。

① 使用「水平文字工具」拖曳

輸入或貼上長文字時，建立**段落文字**，可以在**行末自動換行**，非常方便。

使用「水平文字工具」T,，**在文字區域的對角線上拖曳**。

建立以變形控制項包圍的文字區域。

> **◉ POINT**
>
> 按住 Alt 鍵不放並使用文字工具按一下或拖曳，可以開啟「段落文字大小」對話框，利用數值設定區域大小。

① 使用「水平文字工具」拖曳

② 輸入段落文字

設定格式之後，拖曳出文字區域，在區域內輸入或貼上文字。

請視狀況在工具選項列設定格式。

② 輸入文字

TIPS　輸入文字的顏色

在工具選項列設定的顏色會成為輸入文字的顏色，並與工具列的「前景色」連動。

TIPS　使用預留位置文字

在「偏好設定」的「文字」，勾選「**以預留位置文字填入新類型的圖層**」，輸入正式內容之前，會先顯示英文的模擬文字。

③ **調整區域大小**

尚未確定前，拖曳控制點可以調整區域大小。

❸ 拖曳控制點，調整大小

⊙POINT

對文字圖層執行「編輯→變形→縮放」命令，或利用變形控制項進行縮放，不只文字區域，就連文字也會一併縮放。

如果**只想縮放文字區域**，請將游標插入文字內，呈現編輯狀態後，再執行縮放。

> **TIPS 溢出文字**
>
> 假如**文字無法完整放入區域內**，右下方會顯示溢出符號 ⊞。調整區域大小或格式，完整放入文字後，⊞ 會變成 □。

▎輸入垂直文字

① **選取「垂直文字工具」**

選取工具列的「垂直文字工具」。

❶ 選取

② **按一下輸入文字**

按一下可以輸入垂直文字。

按一下工具選項列的「**切換文字方向**」，可以改變目前圖層的文字方向。

⊙POINT

選取文字圖層後，執行「文字→文字排列方向」命令，可以切換成水平或垂直文字。

❷ 按一下，即可顯示輸入垂直文字的游標

❸ 輸入文字

> **TIPS 沿著形狀或路徑輸入文字**
>
> 我們可以沿著形狀或路徑輸入文字，或沿著路徑移動文字。
>
> 在形狀或路徑上移動文字工具，當游標在形狀或路徑上變成可以輸入的形狀，再按一下輸入文字。
>
> 使用「路徑選取工具」，在文字左右移動游標，當游標變成 時，就可以沿著路徑移動文字。

在此狀態下，還可以往反方向移動文字。

利用「路徑選取工具」的游標可以移動文字位置，或移動到路徑的相反側

SECTION

6.2

使用頻率

移動工具、文字圖層

移動選取文字

使用「移動工具」可以移動輸入的文字,還能依照每個圖層或選取部分文字設定格式。

▋移動文字

選取「**移動工具**」 ✛. ,拖曳輸入的文字,就可以移動到你想要放置的位置(先勾選「移動工具」選項的「自動選取」)。

> POINT
>
> 選取其他工具時,只要按下 Ctrl 鍵,就能切換成移動用的游標 ▸⊹ ,可以移動文字物件。

使用「移動工具」拖曳移動

▋選取整個文字圖層

① **在縮圖按兩下**

在「圖層」面板的**文字圖層縮圖按兩下**。

> POINT
>
> 選取「移動工具」 ✛. 時,在文字上按兩下,可以選取全部文字。

❶ 按兩下

❷ 選取全部文字

② **選取起全部文字**

選取圖層內的所有文字。在此狀態下,可以重新輸入文字或設定格式。

▶ **選取部分文字**

如果想選取部分文字,和一般文書處理的文字選取方法一樣,使用「水平文字工具」 T. ,**拖曳你想選取的部分**。

拖曳選取部分文字

SECTION

6.3

使用頻率

◉ ◉ ◉

字體大小、字體樣式、字體顏色、段落設定

設定文字的格式

以下要說明選取已經輸入的文字，設定字體、大小、段落等格式的方法。輸入文字前或輸入文字後，都可以設定格式。

更改字體大小或種類

透過工具選項列、「字元」面板、「內容」面板的「搜尋並選取字體」選單，可以更改選取文字的字體，還能設定字體大小、粗細、斜體等樣式與顏色。

輸入要篩選的部分字體名稱

選取字體樣式

選取字體

◇POINT

執行「文字→字體預視大小」命令，可以設定選單內的字體預視大小。

TIPS　OpenType SVG 字體

設定 OpenType SVG 字體，可以在「字符」面板中，為一個字符設定不同顏色、漸層、表情符號等異體字。

TIPS　利用符合字體尋找影像中的字體

假如不知道影像上的字體，可以選取影像上你想尋找的字體，執行「文字→符合字體」命令，就能輕鬆找出 Photoshop 中類似形狀的字體。

選取字體影像

TIPS　更改文字大小的單位

文字大小預設的單位為「pt」。執行「編輯→偏好設定→單位和尺標」命令，在「文字」的下拉式選單中可以進行選取。可選擇的單位包括「像素」、「點」、「公釐」。

▍設定大小

「設定字體大小」可利用選單選擇大小或直接輸入數值。

TIPS　**更改字體大小的快速鍵**

Ctrl + Shift + [＜]　縮小 2pt
Ctrl + Shift + [＞]　放大 2pt

TIPS　**選取文字的快速鍵**

Alt + [↑]　　　　　行距上移 2pt
Alt + [↓]　　　　　行距下移 2pt
Alt + Shift + [↑]　基線上移 2pt
Alt + Shift + [↓]　基線下移 2pt
Alt + [→]　　　　　字距、字距微調放大 10pt
Alt + [↑]　　　　　字距、字距微調縮小 10pt

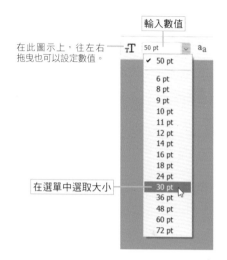

輸入數值

在此圖示上，往左右
拖曳也可以設定數值。

在選單中選取大小

TIPS　**在「內容」面板更改格式**

選取文字或在「圖層」面板中選取文字圖層內的文字時，「內容」面板會切換成文字圖層的內容，可以調整文字方塊的大小、字體、字體大小、行距、顏色等。

▍設定消除鋸齒的方法

設定消除鋸齒的方法包括「無」、「銳利」、「尖銳」、「強烈」、「平滑」、「Windows」、「Windows LCD」。「Windows」、「Windows LCD」可以呈現螢幕中的文字狀態。

設定方法　　　無　　　銳利　　　尖銳　　　強烈　　　平滑

▍設定對齊文字

使用「文字工具」 T. 按一下可以設定插入位置的段落對齊方法。
橫式文字能設定「左側對齊文字」、「文字居中」、「右側對齊文字」，垂直文字可以設定「頂端對齊文字」、「文字居中」、「底部對齊文字」。

水平文字　　　　　　　　　垂直文字

左側對齊文字　文字居中　右側對齊文字　頂端對齊文字　文字居中　底部對齊文字

● POINT

多行文字可以利用「段落」面板設定三種齊行配置及全部對齊。

更改文字顏色

利用「檢色器」可以隨意調整選取的文字顏色。

② 在工具選項列的顏色按一下

① 選取字串

按兩下可以選取文字

① 按一下顏色

選取字串。

在工具選項列、「字元」面板、「內容」面板的
「設定文字顏色」方塊按一下。

◎POINT

如果要快速選取字串，可以在「圖層」面板
中的文字圖層 T 圖示按兩下，即可快速選取
文字。

② 利用檢色器選取顏色

開啟「檢色器（文字顏色）」視窗，可以設定
選取中的文字顏色，或設定接下來要輸入的文
字顏色。

◎POINT

使用文字工具選取文字時，會在選取的文字
套用顏色等格式，若是選取文字圖層，會改
變文字圖層內所有文字的格式。

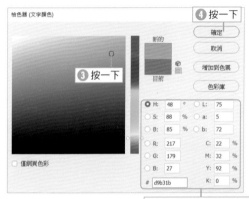

④ 按一下

③ 按一下

輸入數值也可以設定顏色

TIPS　系統內沒有安裝的字體

假如操作系統沒有安裝檔案內使用的字體，文字圖層會顯示 ⚠ 符號。在這
個縮圖按兩下開啟對話框，按下「管理」開啟「管理遺失字體」對話框。

在選單中選取要取代的字體，按下「確定」鈕。

執行「文字→更多來自 Adobe Fonts 的字體」命令，瀏覽器會顯示 Adobe
Fonts 網頁，這裡有數千種以上的字體提供給 Creative Cloud 使用者使用。

按兩下

利用選單選擇替代字體

TIPS　表情符號的相關網頁

使用**表情符號**，可以在文件內插入微笑、國旗、道路標誌、動物、人物、場所等圖像符號。EmojiOne 等 SVG 表情符號字
體可以使用一個或多個字符建立特定的合成字符。例如製作國旗（使用字符 U 與 S 製作美國國旗，以 J 與 P 製作日本國旗
等），或更改人物、身體部位（手、鼻等）的特定字符膚色。

SECTION 6.4 使用「字元」面板與「段落」面板

使用頻率
◉ ◉ ○

輸入的文字或文字方塊，可以利用「字元」面板個別設定文字格式，而「段落」面板能設定段落範圍內的詳細格式，還可以設定 OpenType 字體的連字、字符等項目。

▌在「字元」面板執行操作

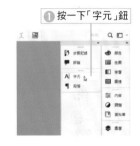

❶ 按一下「字元」鈕

① 按一下「面板」鈕 ▤

按一下工具選項列的「切換字元和段落面板」鈕 ▤，或停駐區的「字元」鈕 ▲1，可以顯示「字元」面板或「段落」面板。執行「文字→面板」命令從中選擇要顯示的面板。

❶ 按一下

② 顯示面板

顯示「字元」面板。

「字元」面板可以設定縮放、行距、字距、字距微調、基線位移、上標、下標、底線等樣式。**「段落」面板**可以設定齊行、縮排、換行設定、連字。

❷ 顯示面板

「字元」面板

「段落」面板

▌「字元」面板選單

按一下「字元」面板的選項鈕 ▤，在「字元」面板選單中，可以對整個文字圖層或選取中的字串套用粗體、斜體、底線等字元樣式。

如果選取了 OpenType 字體，依照文字種類可以設定連字、標題字符、斜線字符等格式。

依照文字外觀與易讀性，設定最佳文字間距。

顯示作業系統預設的文字設定。

避免應該連在一起的縮寫或姓名換行。

▽POINT

選取文字圖層後，可以在「內容」面板的「字元」設定格式。

145

▶ **OpenType** 的設定

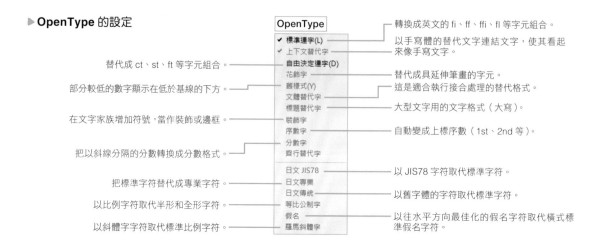

轉換成英文的 fi、ff、ffi、fl 等字元組合。

以手寫體的替代文字連結文字,使其看起來像手寫文字。

替代成 ct、st、ft 等字元組合。

替代成具延伸筆畫的字元。

部分較低的數字顯示在低於基線的下方。

這是適合執行接合處理的替代格式。

在文字家族增加符號,當作裝飾或邊框。

大型文字用的文字格式(大寫)。

自動變成上標序數(1st、2nd 等)。

把以斜線分隔的分數轉換成分數格式。

把標準字符替代成專業字符。

以 JIS78 字符取代標準字符。

以比例字符取代半形和全形字符。

以舊字體的字符取代標準字符。

以斜體字字符取代標準比例字符。

以往水平方向最佳化的假名字符取代橫式標準假名字符。

「段落」面板選單

「段落」面板可以執行**換行設定、文字間距、懸掛式標點符號、齊行、使用連字符連字**等詳細設定。

「段落」面板選單

「前一行底部到次行底部的行距」是只有水平文字以文字的基線為行距基準。

「單行撰寫器」是一行一行排版。
「逐行撰寫器」是以多行為對象,調整換行位置。

TIPS 儲存成工具預設集

在工具選項列的工具預設集揀選器,按下「建立新增工具預設」,把常用的字體與樣式儲存起來,日後操作比較方便。

TIPS 「字元樣式」面板、「段落樣式」面板

「字元樣式」面板、「段落樣式」面板可以將現有的文字格式或段落格式儲存成樣式,套用在現有的文字圖層。面板選項選單的「樣式選項」可以分別執行文字與段落的詳細設定。

清除置換　合併置換以重新定義樣式

文字遮色片工具

建立文字的選取範圍

使用頻率

文字遮色片工具是能建立文字形狀選取範圍的工具,合成影像時可以利用這項工具填滿或遮住文字的選取範圍。

---

① 選取「文字遮色片工具」

選取工具列的「**文字遮色片工具**」 。

- T 水平文字工具　　　T
- IT 垂直文字工具　　　T
- IT 垂直文字遮色片工具　T
- T 水平文字遮色片工具　T ── ① 選取

---

② 在畫面上按一下

在畫面上按一下,**遮住整個影像**。

② 按一下,會遮住全部影像,並顯示輸入文字的游標

③ 輸入文字

---

③ 輸入文字

輸入字串,並視狀況設定格式。

---

④ 確定後可以建立文字選取範圍

按下「確定」鈕 ✓,輸入字串的區域會變成選取範圍。

選取範圍內可以貼上影像,或儲存成 Alpha 色版,用它來合成影像,執行各種影像處理。

④ 確定後,建立選取範圍

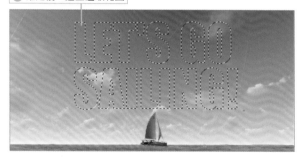

POINT

執行「圖層→新增→拷貝的圖層」命令,文字選取範圍會變成新圖層,比較容易執行影像合成。

POINT

輸入文字,選取文字圖層後,執行「文字→轉換為形狀」命令,就能把文字當作形狀處理。使用「直接選取工具」 可以變形形狀的路徑並設計字體。

TIPS 文字圖層的濾鏡處理

在文字圖層套用濾鏡時,會顯示確認是否點陣化(轉換成點陣圖)的對話框,按下「確定」鈕,執行點陣化再套用濾鏡。
執行「圖層→**點陣化**→文字」命令,可以先進行點陣化。

SECTION 6.6

彎曲文字

使用頻率 ◉ ◉ ◯

輸入的文字搭配上彎曲文字或圖層效果，可以輕鬆製作出印刷或網頁用的標題 LOGO。

▌利用彎曲文字變形文字圖層

彎曲或扭曲文字的功能稱作「彎曲文字」，套用「彎曲文字」的圖層可以重新編輯，所以能編輯字串或套用圖層效果。

① 選取文字

選取文字或在文字插入游標。

② 按一下「建立彎曲文字」

按一下工具選項列的「**建立彎曲文字**」鈕 ⊥。

③ 開啟對話框

開啟「彎曲文字」對話框，樣式設定為「弧形」。
設定彎曲、水平或垂直扭曲，按下「確定」鈕。

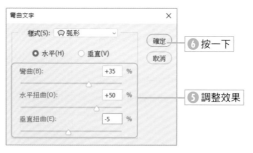

純色、漸層、圖樣圖層

SECTION 6.7 建立填色圖層

使用頻率

Photoshop 可以建立以單色、漸層、圖樣填滿的圖層。建立填色圖層後，能輕易執行顯示、隱藏、鎖定、刪除等操作。此時，會同時建立圖層遮色片，可以隨意調整填滿的套用程度。

▌套用填色圖層

按一下「圖層」面板中的「建立新填色或調整圖層」鈕 ◑.，顯示選單。這裡除了 196 頁要說明的調整圖層之外，還包括了建立「純色」、「漸層」、「圖樣」等三種填色圖層的命令。

以下將建立以單色填滿的純色圖層。

① 執行「純色」命令

選取要套用純色填滿的圖層，按一下「建立新填色或調整圖層」鈕 ◑.，執行「純色」命令。

> **TIPS** 使用「圖層」選單執行命令
>
> 執行「圖層→新增填滿圖層」命令，也可以建立各種填色圖層。
>
> 執行後，在下一個步驟設定顏色之前，會開啟「新增圖層」對話框，可以設定圖層名稱。

② 設定顏色

在「檢色器（純色）」對話框中，使用檢色器設定填滿的顏色。

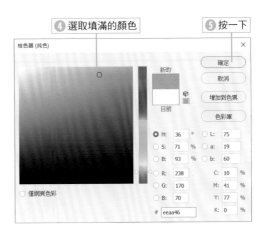

⑤ 建立色彩填色圖層

③ 建立色彩填色圖層

建立色彩填色圖層,並以單色填色圖層。

色彩填色圖層上方只有人物圖層,因為背景為透明,所以人物的背景變成剛才設定的顏色。

圖層遮色片

◎POINT

先建立選取範圍,再建立填色圖層時,在圖層遮色片縮圖中,選取部分會顯示為黑色,而非選取部分會被遮住。

▌調整填色圖層的顏色

如果要更改填色圖層的顏色,請在**圖層縮圖按兩下**,利用檢色器選取要更改的顏色。

① **在圖層縮圖按兩下**

在「色彩填色」圖層的圖層縮圖按兩下。

① 按兩下

② **設定顏色**

利用「檢色器(純色)」對話框的檢色器設定要更改的顏色。

③ **改變圖層的顏色**

更改了填色圖層的顏色。

④ 更改了色彩填色圖層的顏色

③ 按一下

② 更改顏色

以圖樣填色圖層

和純色、漸層一樣，我們可以利用圖樣建立填色圖層。選取要套用的圖層，按一下「建立新填色或調整圖層」鈕 ●，執行「圖樣」命令。

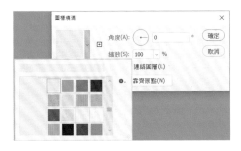

利用圖層遮色片調整套用度

新建立的填色圖層會顯示**圖層遮色片縮圖**。在選取填色圖層的狀態下，使用漸層或筆刷可以設定圖層遮色片的套用度。關於圖層遮色片的操作請參考 133 頁的說明。

① 按一下圖層遮色片縮圖

按一下圖層遮色片縮圖，呈現可以編輯圖層遮色片的狀態（作用中）。

② 在遮色片套用漸層

選取工具列的「漸層工具」 ■，並在畫面上拖曳，在遮色片套用漸層效果。

② 選取「漸層工具」

③ 拖曳漸層方向

POINT

這個範例在遮色片套用了漸層效果，但是若使用「筆刷工具」填滿黑色，該區域會顯示出下方圖層的影像。

③ 圖層遮色片變成漸層

建立**漸層圖層遮色片**，並依照漸層的階層填色。

左上方漸層較深的部分可以讓下方圖層顯示得比較清楚。

④ 建立圖層遮色片

漸層填色圖層

① 按一下建立填色圖層的按鈕

按一下「圖層」面板的「建立新填色或調整圖層」鈕 ◐.，執行「漸層」命令。

① 按一下
② 選取

② 設定漸層的詳細內容

開啟「漸層填色」對話框，設定詳細的漸層內容。

③ 設定漸層填色

③ 建立漸層填色圖層

這樣就可以建立以漸層填滿的圖層。

按兩下可以重新編輯

7

設定顏色與筆刷、編修工具

這一章將詳細說明以筆刷繪圖或編修照片的工具。一開始先說明如何設定 Photoshop 的前景色與背景色，以及儲存成色票的方法，之後再介紹填滿、筆刷、修復類工具，以及銳利化、模糊等工具。

設定前景色與背景色

若要用筆刷工具繪圖或填滿選取範圍，必須先設定顏色。使用工具列的檢色器，可以設定前景色與背景色。此外，利用色彩庫能設定印刷用的特別色。

▌「前景色」與「背景色」

在 Photoshop 繪圖或填色時，會使用「前景色」設定顏色。「前景色」是**以「筆刷工具」或「鉛筆工具」繪圖、填色時使用的顏色**。

而「背景色」是在背景或透明部分等被保護的圖層上，**以「橡皮擦工具」繪圖或刪除選取範圍**時使用的顏色。

▌操作工具列的前景色與背景色

目前設定的前景色、背景色會顯示在工具列，按一下前景色、背景色，開啟檢色器就可以設定顏色。

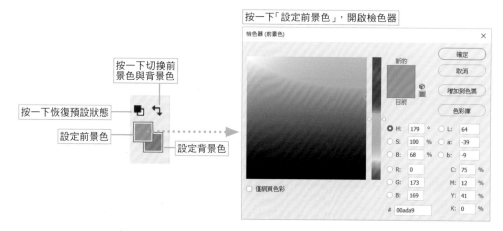

按一下「設定前景色」，開啟檢色器

按一下切換前景色與背景色

按一下恢復預設狀態

設定前景色

設定背景色

▶ 切換「前景色」與「背景色」

按一下「切換前景色和背景色」 ↕，即可切換「前景色」與「背景色」的顏色設定（半形 [X] 鍵）。

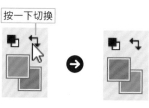

按一下切換

▶ 預設的「前景色」和「背景色」

預設圖示 ▣ 可以恢復成「前色景」為黑色，「背景色」為白色的預設狀態（半形 [D] 鍵）。

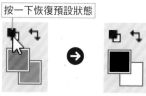

按一下恢復預設狀態

使用檢色器設定顏色

按一下工具列的「前景色」或「背景色」圖示,開啟「檢色器」對話框。

① 按一下顏色圖示

按一下「前景色」或「背景色」,開啟「檢色器」對話框。

① 按一下「前景色」

② 開啟檢色器

② 開啟檢色器

在「檢色器」對話框中,利用**色彩欄位**與**色彩滑桿**選取顏色。

色彩滑桿會顯示對話框右側**色彩構成元素**(**HSB**、**RGB**、**Lab**)選取的顏色範圍。

色彩欄位會顯示在水平軸與垂直軸的元素範圍。

> **POINT**
>
> 如果已經知道顏色數值,請在 RGB 或 CMYK 輸入數值,設定顏色。

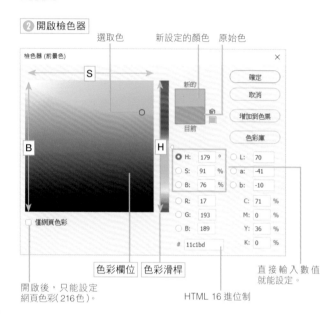

選取色　新設定的顏色　原始色

色彩欄位　色彩滑桿

開啟後,只能設定網頁色彩(216色)。

HTML 16 進位制

直接輸入數值就能設定。

③ 以 RGB 設定顏色

這次將使用 RGB 設定顏色。

選取對話框右邊的 R(紅色),在色彩滑桿顯示 R 的顏色範圍。

分別在色彩欄位的水平軸與垂直軸顯示 G(綠色)與 B(藍色)的顏色範圍。

組合色彩滑桿與色彩欄位,設定顏色後按下「確定」鈕。

> **POINT**
>
> 設定顏色後,按一下「**增加到色票**」,就能儲存在「色票」面板(請參考 159 頁)中。

⑤ 設定G、B的範圍　④ 設定R的範圍　⑥ 按一下

③ 勾選

④ 完成顏色設定

按下「檢色器」對話框的「確定」鈕,完成顏色設定。

設定的顏色會顯示在工具列。

⑦ 設定「前景色」

155

▶ 網頁色彩的設定方法

勾選對話框下方的「僅網頁色彩」，將會限制
只顯示 Mac 與 Win 共通的網頁用 216 色。

POINT

網頁色彩是指 Windows 與 Mac 都能顯示的
顏色。

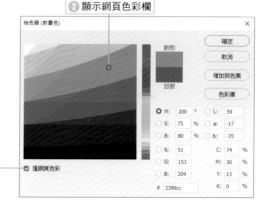

❷ 顯示網頁色彩欄

❶ 勾選

TIPS　超出 CMYK 色域的警告圖示

在未勾選「僅網頁色彩」的狀態下，選取顏色時，設定色右邊會顯示非
網頁色彩的警告圖示 ⓦ，下方會顯示網頁最佳色。按一下網頁最佳色的
圖示，選取的顏色即可切換成最佳色。

按一下可以切換成網
頁色彩

▶ CMYK 色域外色の警告について

選取顏色時，如果顯示 ⚠ 「列印超出色域」圖示，代表以 CMYK 模式列印
時，無法呈現正確的顏色。
按一下 ⚠ 圖示下方的「按一下以選取網頁用色彩」圖示，即可切換成 CMYK
模式的相似色。

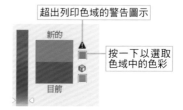

超出列印色域的警告圖示

按一下以選取
色域中的色彩

選取色彩庫

Photoshop 可以使用 ANPA 色彩、DIC 顏色參考、FOCOLTONE、HKS、PANTONE、TOYO COLOR FINDER、
TRUMATCH 等色彩庫，**這些色彩庫可以當作印刷用的特別色。**
在「檢色器」對話框中按一下「色彩庫」鈕，可以在「色彩庫」對話框中選取 PANTONE、DIC、TOYO 等色彩。

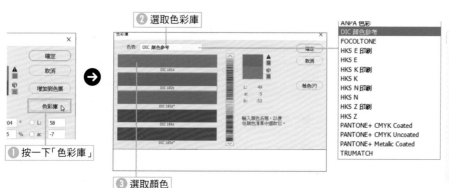

❷ 選取色彩庫

❶ 按一下「色彩庫」

❸ 選取顏色

POINT

即使在色彩庫選取特
別色，也會轉換成
顏色相近的 RGB 或
CMYK 值，無法建立
特別色色版。若要建
立特別色色版，必須
在「色版」面板中，
「新增特別色色版」。

利用「顏色」面板設定顏色

Photoshop 的「顏色」面板可以設定填滿、筆畫、筆刷的用色。在「顏色」面板中透過立方體、色輪、RGB 或 CMYK 滑桿、光譜等方式，能設定你要使用的顏色。

在「顏色」面板設定顏色

「顏色」面板除了使用 RGB 或 HSB 的值設定顏色之外，還可以利用立方體、色輪設定前景色與背景色。

▶ 用立方體設定顏色

在左上方的圖示選取「前景色」或「背景色」，接著在色彩欄位與色彩滑桿按一下選取顏色。

一開始會顯示「**色相立方體**」（色相的色彩滑桿），利用面板選單，可以更改成「**亮度立方體**」（亮度的色彩滑桿）或其他 RGB 滑桿。

▶ 用滑桿設定顏色

開啟面板選單，更改顯示的滑桿可以設定顏色。

滑桿包括「RGB」、「HSB」、「CMYK」、「Lab」、「網頁色彩」，也可以用數值設定滑桿。

▶ 用色輪設定顏色

選取「色輪」後，可以透過 **HSB** 模式的數值，或色相（Hue）、亮度（Brightness）、飽和度（Saturation）的色輪設定顏色。

❶ 選取「前景色」或「背景色」

色彩欄位

❷ 按一下選取顏色

色彩滑桿

❷ 選取「前景色」或「背景色」

❸ 用RGB滑桿設定顏色

- 色相立方體
- 亮度立方體
- 色輪
- 灰階滑桿
- ✓ RGB 滑桿　❶ 選取
- HSB 滑桿
- CMYK 滑桿
- Lab 滑桿
- 網頁色彩滑桿

- 拷貝顏色的 HTML 色碼
- 拷貝顏色的十六進位碼

- RGB 色彩光譜
- ✓ CMYK 色彩光譜
- 灰階曲線圖
- 目前顏色

- 製作網頁安全色彩曲線圖

- 關閉
- 關閉標籤群組

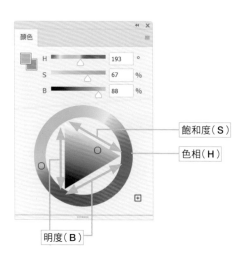

飽和度（S）

色相（H）

明度（B）

157

▶ 切換色彩光譜

「顏色」面板可以更改樣本色彩的光譜形狀。

按住 [Shift] 鍵不放，在光譜上按一下可以依序切換光譜。

RGB 色彩光譜
這是使用 RGB 色彩模式（減色法）的色彩光譜。

CMYK 色彩光譜
這是使用 CMYK 色彩模式（加色法）的色彩光譜，顯示的是印刷品的色域光譜。

灰階曲線圖
這是以 0 ～ 100% 的灰色濃度呈現的色彩光譜。

目前顏色
這是把目前設定的前景色到背景色的色域顯示成色彩光譜。

▶ 顯示列印超出色域的警告 ⚠

顯示 ⚠ 警告圖示的顏色，代表以 CMYK 模式列印時無法正確呈現。這是因為 **CMYK 色彩模式**可以表現的顏色範圍比 **RGB 色彩模式**還窄。

按一下 ⚠ 圖示右邊的相似色圖示，就會取代成以 CMYK 模式表現的顏色。

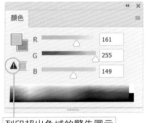

列印超出色域的警告圖示

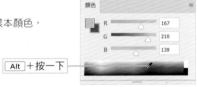

SECTION

7.3

使用頻率

色票面板

將顏色儲存成色票

利用 Photoshop 的「顏色」面板或「色票」面板，可以設定填滿、筆畫、筆刷的用色，請先把常用的顏色儲存在「色票」面板中。

如果畫面上沒有顯示「色票」面板，請執行「視窗→色票」命令。

將顏色新增至「色票」面板中

若要在「色票」面板新增顏色，請先把**想增加的顏色設定為「前景色」**。

① 在空白部分按一下

選取想儲存色票的群組，再按一下 ⊞。按一下 ▢ 可以建立新群組。

POINT

沒有選取群組時，色票會儲存在群組之外。

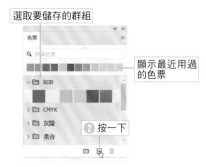

① 設定前景色　選取要儲存的群組

顯示最近用過的色票

② 按一下

② 設定名稱

開啟「色票名稱」對話框，輸入能清楚分辨的色票名稱，按下「確定」鈕。勾選「新增至我目前的資料庫」，可以將顏色新增至資料庫。

POINT

新增至資料庫後，能透過相同 ID 的 Creative Cloud 分享色票。

③ 輸入色票名稱　④ 按一下

勾選後，色票會新增至資料庫

TIPS　套用色票當作背景色

按住 Ctrl 鍵（Mac 為 ⌘ 鍵）不放並按一下顏色，可以當作「背景色」。

③ 新增色票

這樣就可以儲存成新色票。

⑤ 建立新色票

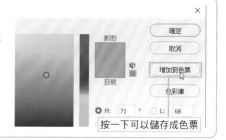
刪除色票

把色票拖曳到**垃圾桶圖示** 🗑 。

選取色票，再按一下垃圾桶圖示 🗑 ，也可以刪除色票。此時，會出現警告對話框，請按下「確定」。

① 拖曳

② 刪除顏色

轉存色票

將編輯後的色票命名存檔，就可以在其他文件中使用。

① 選取要儲存的色票群組

② 選取

③ 設定儲存位置

④ 輸入檔案名稱

⑤ 按一下

在色票載入色彩參考

Photoshop 除了預設狀態顯示的色票之外，還提供了 DIC 等**印刷用特別色（專色）**色票，這些色票可以載入「色票」面板。

① 按一下

① 選取色彩參考

在「色票」面板選單執行「**舊版色票**」命令。

② 開啟「舊版色票」群組

在最下方新增「Legacy Swatches（舊版色票）」檔案夾，展開之後，可以看到色彩參考群組，請從中選取你需要的色彩參考。

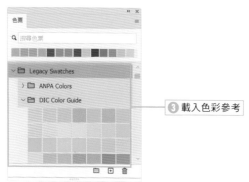

③ 載入色彩參考

◎**POINT**

ANPA 色彩（報紙使用的色彩參考）
DIC 色彩參考（大日本印刷的色彩參考）
FOCOLTONE 色彩（Focoltone 公司的 763 色參考）
KKS 色彩樣本（歐洲使用的色彩參考）
PANTONE（全世界使用的顏色樣本）
TOYO COLOR FINDER（TOYO INK 製造的色彩樣本）
TRUMATCH 色彩（可以用電腦預測的 CMYK 色彩樣本）

TIPS 　**將色票拖曳到「圖層」面板**

把色票拖曳到「圖層」面板的影像圖層上，即可在影像上建立填滿該色票的填色圖層（請參考 149 頁）。

此外，把色票拖曳到透明圖層，透明圖層會變成色彩填色圖層。

滴管工具、HUD 檢色器

取樣影像上的顏色

使用「滴管工具」取樣影像上的顏色，可以設定成填滿或前景色。

▌以「滴管工具」 ✎. 取樣影像顏色

使用「滴管工具」 ✎. 在影像上按一下，可以取得像素顏色當作前景色。

以「滴管工具」 ✎. **按一下的地方會成為前景色**，按住 Alt 鍵（Mac 為 option 鍵）不放並按一下，可以取樣成為背景色。

按住滑鼠左鍵不放，上一次取樣的顏色會顯示在色輪下側，這次取樣的顏色會顯示在上側。

開起多個影像視窗時，也可以從非選取中（最前面）的視窗影像取樣顏色。

▶「滴管工具」 ✎. 的選項

工具選項列的樣本尺寸可以設定**取樣範圍**。在影像上按右鍵，也能完成設定。

> **TIPS** 「滴管工具」 ✎. 的快速鍵
>
> 選取基本繪圖工具時，按下 Alt 鍵，可以暫時切換成「滴管工具」 ✎.。

> **TIPS** 在影像上顯示檢色器
>
> 按下 Alt + Shift + 按右鍵（Mac 為 Ctrl + option + ⌘ + 按一下），**影像上會顯示 HUD（Heads Up Display）檢色器**，可以選取顏色。
>
> 如果要使用 HUD 檢色器，必須執行「編輯→偏好設定→效能」命令，勾選「使用影像處理器」。
>
> 執行「編輯→偏好設定→一般」命令，可以設定檢色器的形狀。

SECTION

7.5

使用頻率

油漆桶工具、「編輯」選單的「填滿」、內容感知填色

填滿影像

我們可以使用在「前景色」或「背景色」設定的顏色填滿影像。透過「油漆桶工具」、「填滿」命令等許多方法，都可以套用填滿效果。

有四種方法能以單一顏色填滿選取範圍、相似色、整個畫面與圖層。

1. 使用「油漆桶工具」
2. 使用填滿命令
3. 「色彩填色」圖層（請參考 149 頁）
4. 「顏色覆蓋」圖層樣式

■ 以「油漆桶工具」 ◇. 填色

「油漆桶工具」 ◇. 能以「前景色」或圖樣填滿點擊處的相似色。如果已經建立選取範圍，即可填滿以容許度設定的範圍。

❶ 按一下

❷ 以前景色填滿同色範圍

假如有多個圖層，可以在「圖層」面板中，選取圖層後再填色。
在工具選項「容許度」設定的範圍會以指定的前景色、圖樣填色。

▶ 工具選項列的設定

選取「圖樣」，能以圖樣而非前景色填色。

選取填色模式（請參考 326 頁）

設定不透明度

讓填色範圍的邊緣變平滑。

只填滿與點選位置相鄰的相似色。

♠ ◇. ∨ 前景色 ∨   模式: 正常   ∨ 不透明: 100% ∨ 容許度: 32 ☑ 消除鋸齒 ☑ 連續的 ☐ 全部圖層

設定填色範圍。數值愈小，填色的對象愈少。

以所有圖層為對象，決定填滿範圍，實際上被填滿的只有選取中的圖層。

以圖樣填滿時，可以選取已經儲存的圖樣。

○ POINT

以背景色或前景色填滿選取範圍或整個圖層的快速鍵是 [Alt] ＋ [Delete] 鍵，Mac 為 [option] ＋ [Delete] 鍵。

以「填滿」命令填色

執行「編輯→填滿」命令（Shift＋F5鍵），可以填滿選取範圍或圖層。假如沒有選取範圍，會填滿整個影像。在「填滿」對話框中，除了顏色之外，還可以設定以圖樣、步驟記錄填滿。選取「內容感知」，能與背景融合，無縫填滿範圍。

利用「內容感知填色」刪除多餘部分

選取要刪除的影像，執行「編輯→內容感知填色」命令，Photoshop 會半自動地去除不要的物體。
此時，畫面上會開啟「內容感知填色」工作區域，請設定要填色的部分，一邊預覽一邊微調。

❶ 選取要刪除的部分

❷ 選取「取樣筆刷工具」

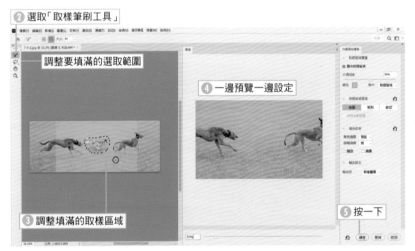

調整要填滿的選取範圍

❹ 一邊預覽一邊設定

❸ 調整填滿的取樣區域

❺ 按一下

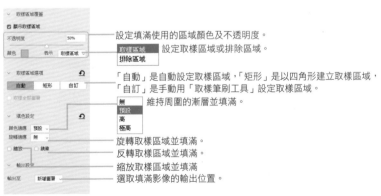

設定填滿使用的區域顏色及不透明度。

設定取樣區域或排除區域。

「自動」是自動設定取樣區域，「矩形」是以四角形建立取樣區域，「自訂」是手動用「取樣筆刷工具」設定取樣區域。

維持周圍的漸層並填滿。

旋轉取樣區域並填滿。
反轉取樣區域並填滿。
縮放取樣區域並填滿
選取填滿影像的輸出位置。

SECTION

7.6

使用頻率

以筆刷執行各種編修操作

Photoshop 提供了筆刷、鉛筆、線條等基本繪圖工具，雖然 Photoshop 主要功能是編修照片，但也可以將這些工具當成繪圖軟體使用。

「筆刷工具」

「筆刷工具」是能呈現畫筆繪圖效果的工具。

① 選取筆刷

選取「筆刷工具」，接著在工具選項列的**「筆刷預設」揀選器**選取想使用的筆刷。「筆刷預設」揀選器除了可以設定**筆刷的種類**之外，也能設定**筆刷的尺寸（直徑）**與硬度。

> **POINT**
>
> 「硬度」的數值愈小，模糊效果愈強烈。

① 按一下開啟「筆刷預設」揀選器

③ 設定尺寸與硬度

儲存使用過的筆刷

② 選取筆刷

拖曳設定筆刷的預視大小

② 拖曳繪圖

拖曳之後會以目前的前景色繪圖。
按住 Shift 鍵不放，並在直線的起點與終點各按一下，可以繪製直線。

> **POINT**
>
> 如果建立了選取範圍，筆刷的繪圖範圍會限制在選取範圍內。

④ 拖曳繪圖

> **POINT**
>
> 在選取筆刷的狀態下，按下半形「[」或「]」鍵，可以縮放筆刷大小。

> **TIPS　使用「筆刷設定」面板選取筆刷**
>
> 「筆刷設定」面板也可以選取筆刷。執行「視窗→筆刷設定」命令，可以開啟「筆刷設定」面板。
> 或者按下工具選項列的「切換『筆刷設定』面板」鈕。

> **TIPS　顯示「筆刷預設」揀選器**
>
> 選取「筆刷工具」，**按下右鍵，筆刷游標位置會顯示「筆刷預設」揀選器**，這裡可以設定筆刷、尺寸、硬度。
> 或者也可以開啟「筆刷」面板。

▶ 工具選項列的設定

工具選項列可以設定「筆刷工具」 ✓. 的筆刷尺寸、不透明度等選項。

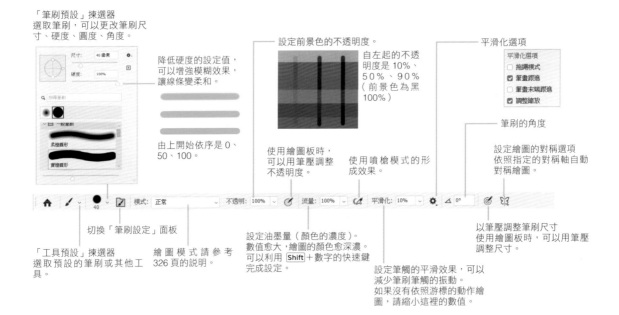

「筆刷預設」揀選器
選取筆刷,可以更改筆刷尺寸、硬度、圓度、角度。

降低硬度的設定值,可以增強模糊效果,讓線條變柔和。

由上開始依序是 0、50、100。

設定前景色的不透明度。

自左起的不透明度是 10%、50%、90%(前景色為黑100%)

使用繪圖板時,可以用筆壓調整不透明度。

使用噴槍模式的形成效果。

平滑化選項

筆刷的角度

設定繪圖的對稱選項依照指定的對稱軸自動對稱繪圖。

切換「筆刷設定」面板

以筆壓調整筆刷尺寸使用繪圖板時,可以用筆壓調整尺寸。

「工具預設」揀選器
選取預設的筆刷或其他工具。

繪圖模式請參考326頁的說明。

設定油墨量(顏色的濃度)。數值愈大,繪圖的顏色愈深濃。可以利用 Shift + 數字的快速鍵完成設定。

設定筆觸的平滑效果,可以減少筆刷筆觸的振動。如果沒有依照游標的動作繪圖,請縮小這裡的數值。

▶ 繪圖的對稱選項

按一下工具選項列的 ❀,利用選單選取對稱軸。調整對稱軸的尺寸與角度,按下工具選項列的「確定」鈕 ✓。沿著對稱軸繪圖,可以繪製出**與對稱軸對稱**的結果。如果要關閉對稱選項,請執行「關閉對稱」命令。

關閉對稱 —— 關閉對稱繪圖。
上次使用的對稱 —— 選取最後使用過的對稱軸。

垂直
水平
雙軸線
對角線
波浪線
圓形
螺旋
平行線
放射性...
曼荼羅...

選取的路徑 —— 把「路徑」面板選取的路徑當作對稱軸。
變形對稱 —— 編輯目前對稱軸的尺寸與形狀。
隱藏對稱 —— 隱藏對稱軸。

TIPS 對稱軸的路徑

對稱軸定義為特殊路徑,在「路徑」面板中,會顯示 ❀。

在「路徑」面板執行「停用對稱路徑」命令,可以將對稱路徑恢復成一般路徑。

如果要把其他路徑當作對稱路徑使用,可以選取路徑,在「路徑」面板中,執行「製作對稱路徑」命令。

以選取的路徑為對稱軸繪圖

「橡皮擦工具」 ✦.

「橡皮擦工具」 ✦. 是利用拖曳的軌跡來刪除影像，使用於「背景」圖層時，會以設定的背景色繪圖，筆刷的種類與尺寸請在工具選項列執行設定。

如果是沒有鎖定的一般圖層，刪除部分會變透明，顯示出下方圖層。

「背景」圖層是以背景色繪圖

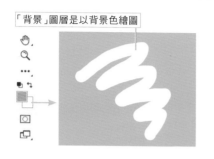

如果下面有其他圖層

❶ 拖曳刪除

刪除圖層

❷ 顯示下方圖層

▶ 工具選項列的設定

「橡皮擦工具」 ✦. 的選項列可以設定筆刷的形狀、不透明度、流量等。

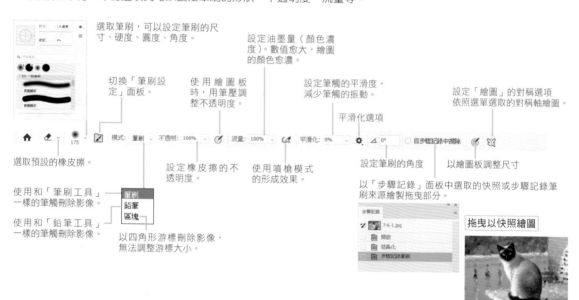

選取筆刷，可以設定筆刷的尺寸、硬度、圓度、角度。

設定油墨量（顏色濃度）。數值愈大，繪圖的顏色愈濃。

切換「筆刷設定」面板。

使用繪圖板時，用筆壓調整不透明度。

設定筆觸的平滑度，減少筆觸的振動。

平滑化選項

設定「繪圖」的對稱選項依照選單選取的對稱軸繪圖。

選取預設的橡皮擦。

設定橡皮擦的不透明度。

使用噴槍模式的形成效果。

設定筆刷的角度

以繪圖板調整尺寸

使用和「筆刷工具」一樣的筆觸刪除影像。

使用和「鉛筆工具」一樣的筆觸刪除影像。

以四角形游標刪除影像，無法調整游標大小。

以「步驟記錄」面板中選取的快照或步驟記錄筆刷來源繪製拖曳部分。

拖曳以快照繪圖

「鉛筆工具」 ✐.

「鉛筆工具」 ✐. 預設以 1 像素、硬度 100% 繪圖。想繪製 1 像素的細線時，使用「鉛筆工具」就很方便。

工具選項列可以選取通用筆刷或設定尺寸與硬度再繪圖。「筆刷工具」 ✐. 可以繪製出套用消除鋸齒效果的線條，而「鉛筆工具」 ✐. 能繪製不套用消除鋸齒效果的俐落線條。

以「鉛筆工具」繪圖

以「筆刷工具」繪圖

○ POINT

按住 Shift 鍵不放在直線的起點與終點按一下，可以繪製直線。按一下的點會以直線連接繪圖。

TIPS 「鉛筆工具」 ⬭ 的快速鍵

在直接輸入模式按下 [B] 鍵，可以選取「鉛筆工具」 ⬭。如果已經先選取了「筆刷工具」，請按下 Shift + [B] 鍵。

TIPS 自動擦除選項

勾選工具選項列的「自動擦除」選項時，將從前景色同色位置開始，改以背景色繪圖。

「混合器筆刷工具」 ⬭

「混合器筆刷工具」 ⬭ 就像油畫、水彩畫一樣，可以混合顏色再繪圖，能混合前景色與影像顏色，讓照片看起來像用顏料繪製的畫作，或讓人物的肌膚顯得光滑細緻。

「混合器筆刷工具」的選項列設定很重要，包括取樣顏色、潮濕、載入、混合、流量設定等，必須花一點時間學習。

以下的臉部特寫帶有肌膚質感，我們將「混合器筆刷工具」設定為「在每個筆畫後清理筆刷」，按照以下的選項列設定反覆塗抹各個部分的肌膚，消除肌膚質感，呈現光滑的膚感。

編修前

以「混合器筆刷工具」塗抹

潮濕: 75%　載入: 79%　混合: 50%　流量: 36%　0%　0°　取樣全部圖層

以「在每個筆畫後清理筆刷」繪圖

「混合器筆刷工具」很適合用筆刷混合色彩豐富的照片，使其筆觸變平坦的操作。

以下的鬱金香是以「在每個筆畫後清理筆刷」搭配筆刷組合，將色彩豐富的照片編修成繪畫風格。

編修前

以「混合器筆刷工具」編修

▶ 工具選項列的設定

工具選項列可以設定「混合器筆刷工具」 ✔. 的顏色。

選取筆刷，可以更改筆刷的尺寸、硬度、圓度、角度。

切換「筆刷設定」面板

顯示目前的筆刷顏色，按一下可以開啟「色彩」揀選器。

繪圖後，載入設定的筆刷顏色。

設定影像顏色與筆刷顏色的混合度，數值愈大，混合效果愈好（載入：50、混合：50）。

設定筆刷顏色的份量（色彩濃度），數值愈大，筆刷顏色愈深濃。
繪圖時，按住 Shift 鍵不放，利用輸入數值的快速鍵也可以調整百分比。

啟動噴槍樣式的形成效果

設定畫筆平面化

以筆壓調整尺寸。

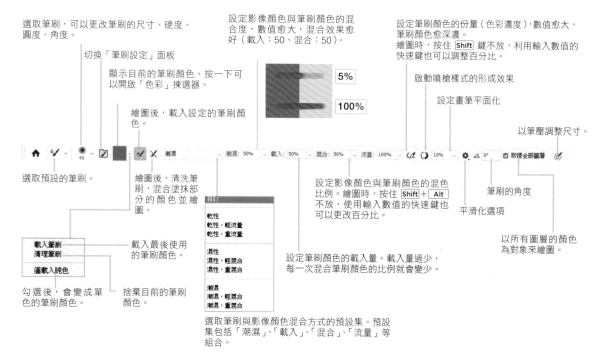

5%
100%

選取預設的筆刷。

繪圖後，清洗筆刷，混合塗抹部分的顏色並繪圖。

設定影像顏色與筆刷顏色的混色比例。繪圖時，按住 Shift + Alt 不放，使用輸入數值的快速鍵也可以更改百分比。

筆刷的角度

平滑化選項

以所有圖層的顏色為對象來繪圖。

載入筆刷
清理筆刷
僅載入純色

載入最後使用的筆刷顏色。

捨棄目前的筆刷顏色。

勾選後，會變成單色的筆刷顏色。

目前
乾性
乾性，輕流量
乾性，重流量
濕性
濕性，輕混合
濕性，重混合
潮濕
潮濕，輕混合
潮濕，重混合

設定筆刷顏色的載入量。載入量過少，每一次混合筆刷顏色的比例就會變少。

選取筆刷與影像顏色混合方式的預設集。預設集包括「潮濕」、「載入」、「混合」、「流量」等組合。

▶ 把影像變成筆刷顏色並混色繪圖

按下 Alt 鍵（Mac 為 option 鍵），切換成「滴管工具」，可以**在影像上取樣筆刷顏色**。

如果選項列的顏色載入設定沒有勾選「僅載入純色」，按下 Alt +按一下影像，可以將該部分設定成筆刷。勾選時，能以一般的滴管工具取樣單色。

取樣點擊處的顏色。

載入筆刷
清理筆刷
僅載入純色

取消勾選

沒有勾選「僅載入純色」時，游標形狀會變成和左圖一樣，所以要按下 Alt +按一下。

TIPS **HUD 筆刷**

筆刷、鉛筆、混合器筆刷、顏色取代、橡皮擦工具等，按下 Alt +按右鍵（Mac 為 option + control +按一下），可以利用 HUD 筆刷功能，**縱向拖曳設定筆刷硬度，橫向拖曳設定筆刷尺寸**。

SECTION

7.7

使用頻率

筆刷設定面板、建立新筆刷

記住筆刷設定並建立新筆刷

Photoshop 的「筆刷工具」可以設定成各種形狀，請使用「筆刷設定」面板、「筆刷」面板進行設定。

「筆刷設定」面板與「筆刷」面板

在「筆刷工具」 ✐. 或「鉛筆工具」 ✐. 的工具選項列，顯示在**「筆刷預設」揀選器**的筆刷，都可以使用**「筆刷」面板**管理。在「筆刷」面板選取預設集，會在**「筆刷設定」面板**顯示特性，這裡可以調整特性或儲存成新的筆刷預設集。

> **◎ POINT**
>
> 如果要使用 CC 2017 之前的筆刷，請在「筆刷」面板選單中，選取「舊版筆刷」群組內的筆刷。

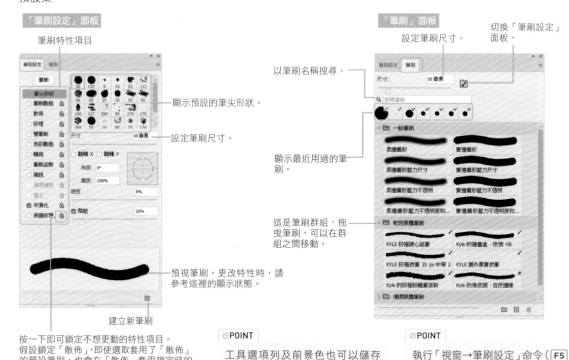

「筆刷設定」面板

筆刷特性項目

顯示預設的筆尖形狀。

設定筆刷尺寸。

預視筆刷。更改特性時，請參考這裡的顯示狀態。

建立新筆刷

按一下即可鎖定不想更動的特性項目。假設鎖定「散佈」，即使選取套用了「散佈」的預設筆刷，也會在「散佈」套用鎖定時的設定值。

「筆刷」面板

設定筆刷尺寸。

切換「筆刷設定」面板。

以筆刷名稱搜尋。

顯示最近用過的筆刷。

這是筆刷群組，拖曳筆刷，可以在群組之間移動。

> **◎ POINT**
>
> 工具選項列及前景色也可以儲存成筆刷預設集。

> **◎ POINT**
>
> 執行「視窗→筆刷設定」命令（F5鍵），可以開啟「筆刷設定」面板，或者按一下「筆刷工具」等工具選項列的 ☑。

TIPS 刪除筆刷預設集

選取「筆刷設定」面板（或「筆刷預設」揀選器）的筆刷預設集，在面板選單中，執行「刪除筆刷」命令，開啟確認用的對話框，即可刪除選取的筆刷。

建立新筆刷

命名另存成新筆刷，之後可以透過筆刷揀選器再次選取使用。

① 設定筆刷特性

開啟「筆刷設定」面板。

選取筆刷特性項目，畫面右邊會依照各個項目改變設定畫面，可以在這裡調整筆刷的特性。這個範例在「**筆尖形狀**」調整了**角度**與**圓度**，建立橢圓形狀的筆刷。

在「筆刷設定」面板的面板選單執行「新增筆刷預設集」命令，或按下「筆刷設定」面板下方的「建立新筆刷」鈕 ⊞，即可新增筆刷。

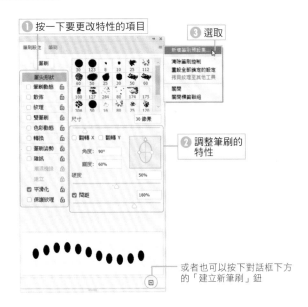

① 按一下要更改特性的項目

③ 選取

② 調整筆刷的特性

或者也可以按下對話框下方的「建立新筆刷」鈕

② 輸入筆刷名稱

開啟「新增筆刷」對話框，輸入筆刷名稱，按下「確定」鈕。

④ 輸入筆刷名稱

⑤ 按一下

勾選此項目可以儲存前景色　　勾選此項目可以儲存工具選項列的設定　　勾選此項目可以儲存筆刷尺寸

③ 在「筆刷」面板確認狀態

在「筆刷」面板確認是否已經儲存了新筆刷。試著實際拖曳繪圖。

筆刷的繪製結果

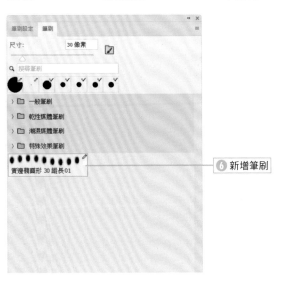

⑥ 新增筆刷

TIPS　刪除筆刷的設定

筆刷可以設定的特性項目非常多，若**想先恢復成預設狀態**，再重新設定筆刷，可以在「筆刷設定」面板選單中，執行「清除筆刷控制」命令。

使用影像筆刷繪圖

影像可以定義成筆刷，如果你想用自訂的筆刷繪圖，可以先定義筆刷再使用「筆刷工具」繪圖。

① 建立選取範圍

在背景以外的圖層繪製要當作筆刷的影像，並建立選取範圍。你也可以利用形狀繪製影像。

② 執行「定義筆刷預設集」命令

執行「編輯→定義筆刷預設集」命令。

③ 輸入筆刷名稱

在「筆刷名稱」對話框輸入筆刷名稱，按下「確定」鈕。

④ 儲存筆刷

筆刷會儲存在「筆刷設定」面板與「筆刷」面板中。

◎ POINT

如果要建立和範例一樣，以漸層填滿的筆刷，黑色部分是套用不透明度 100% 的前景色，白色部分的不透明度為 0。

❶ 選取想定義的影像範圍

❷ 輸入筆刷名稱　❸ 按一下

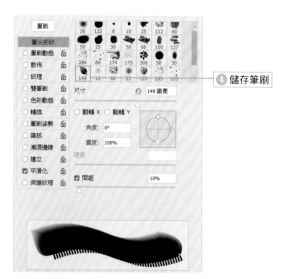

❹ 儲存筆刷

TIPS　儲存並載入筆刷

在「筆刷」面板選取筆刷，執行「**匯出選取的筆刷**」命令，開啟「另存新檔」對話框，輸入名稱後存檔。

在「筆刷」面板執行「**匯入筆刷**」命令，可以載入已經儲存的筆刷。

❺ 使用筆刷繪圖

更改填色，套用已經定義的筆刷。

隨機散佈筆刷、往拖曳方向繪圖的筆刷

製作有趣的筆刷

使用頻率

利用筆刷形狀及「筆刷設定」面板的設定,可以製作出筆觸千變萬化的筆刷,以下將介紹幾個範例,請多多嘗試。

宛如宇宙星雲般散佈的筆刷

試著建立拖曳時,可以隨著筆壓產生大小不一圓點的筆刷。

這種筆刷的製作重點是,利用**大小快速變換**設定大小不一的尺寸。

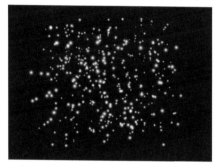

試著建立能繪製出宛如宇宙星雲般,隨機散佈的點狀筆刷。

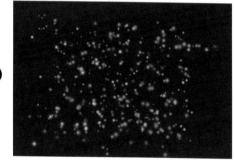

另外再設定可以繪製彩色圓點的筆刷。

① 擴大柔邊圓形筆刷的間距

在「筆刷設定」面板中,選取「筆尖形狀」,並於預設集選取「柔邊圓形 30」。在面板選單中,執行「**清除筆刷控制**」命令,恢復成預設集的預設狀態。

勾選「**間距**」,設定為「500%」,擴大拖曳筆刷時的間距。

◎ POINT

在「硬度」設定開始模糊的位置,數值愈小,愈可以從圓形中心開始產生模糊效果。

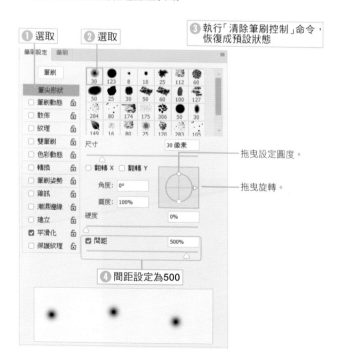

① 選取　② 選取

③ 執行「清除筆刷控制」命令,恢復成預設狀態

拖曳設定圓度。

拖曳旋轉。

④ 間距設定為500

② 讓尺寸變得大小不一

選取「筆刷動態」，「**大小快速變換**」設定為「50%」。

「控制」先設定成「**筆的壓力**」，使用繪圖板時，可以利用筆壓改變大小。

> **POINT**
>
> 在筆刷選項設定的「快速變化」可以調整繪圖時的變化比例。「大小快速變換」能隨機改變原始筆刷的尺寸。

> **POINT**
>
> 「控制」可以選擇如何控制尺寸。即使設定成「筆的壓力」，使用滑鼠繪圖時，大小也會產生變化。

③ 讓筆刷隨機散佈

選取並設定「**散佈**」，可以產生依筆觸散佈的筆刷特性。

這個範例將「散佈」設定為「600%」，「數量」設定為「2」，「數量快速變換」設定為「50%」，這樣筆刷就能依照筆觸在較大的範圍內繪圖。

④ 使用筆刷繪圖

利用剛才建立的筆刷繪圖。這個範例是在藍色背景中，將前景色設定為「白色」，利用繪圖板繪圖。

⑫ 使用筆刷繪圖

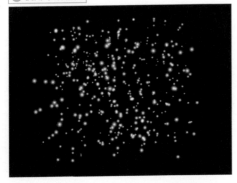

⑤ 選取

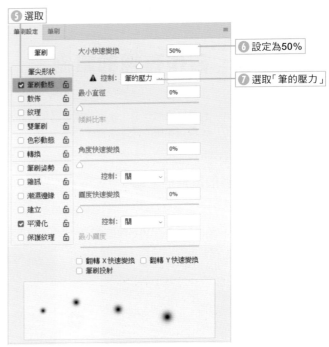

⑥ 設定為50%

⑦ 選取「筆的壓力」

⑧ 選取

筆觸方向的前後也會產生散佈效果。

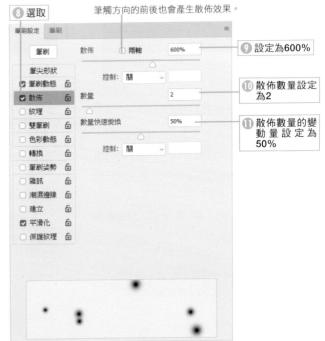

⑨ 設定為600%

⑩ 散佈數量設定為2

⑪ 散佈數量的變動量設定為50%

> **POINT**
>
> 使用滑鼠繪圖時，將「筆刷動態」的「大小快速變換」設定成較大的值，可以增加點狀尺寸的變化率，也能繪製出小點。

⑤ 將圓點變成彩色

調整設定，讓畫出來的圓點變成彩色。

選取「**色彩動態**」選項。

勾選「**套用每個筆尖**」，在每個筆尖套用下方設定的顏色。

「**色相快速變換**」設定成「100%」，讓前景色的色相變化率變最大。

「**亮度快速變換**」設定為「50%」，讓亮度也產生變化。

POINT

「**前景／背景快速變換**」是設定前景色與背景色的混合比例。

「**飽和度快速變換**」是隨機調整飽和度的比例，「**亮度快速變換**」是設定隨機調整亮度的比例。

「**純度**」是設定以 HSB 模式隨機改變前景色時的比例。

⑬ 選取　⑭ 勾選

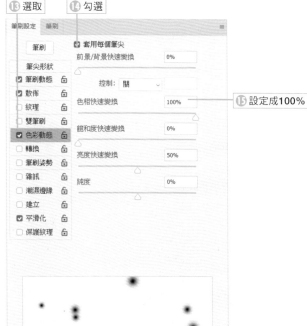

⑮ 設定成100%

⑥ 使用筆刷繪圖

將白色前景色改成你喜歡的顏色（這個範例設定成粉紅色），使用剛才建立的筆刷繪圖。

因為放大了色相快速變換，所以能繪製出彩色圓點。

⑯ 設定顏色

⑰ 使用筆刷繪圖

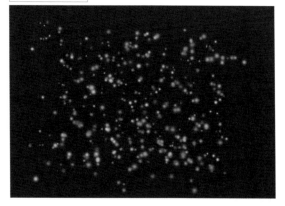

POINT

如果要再次使用設定了選項的筆刷，請儲存成筆刷預設集（請參考 177 頁）。

TIPS　「步驟記錄筆刷工具」 ✐ 與「藝術步驟記錄筆刷工具」 ✐

工具列的「步驟記錄筆刷工具」 ✐ 是把「步驟記錄」面板中的步驟記錄或快照當作繪圖來源的筆刷工具。

「藝術步驟記錄筆刷工具」 ✐ 是把步驟記錄當作來源，以藝術筆觸繪圖的筆刷工具。

往拖曳方向繪圖的足跡筆刷

這次要把足跡定義成筆刷，製作拖曳時讓足跡往拖曳方向延伸的筆刷。這裡的重點是，在「筆刷動態」中，將「角度快速變換」的「控制」設定成「方向」。

① 將足跡定義成筆刷

繪製足跡影像，在自訂形狀裡也已儲存了足跡。選取要定義成筆刷的範圍。

執行「編輯→**定義筆刷預設集**」命令，輸入筆刷名稱後儲存。

② 設定筆刷的角度與間距

選取「筆刷工具」。

「**角度**」設定為 -90°，「**間距**」設定為 150%。透過預覽，可以看到右邊是筆刷的拖曳方向。

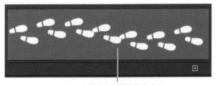

右邊成為筆刷的拖曳方向

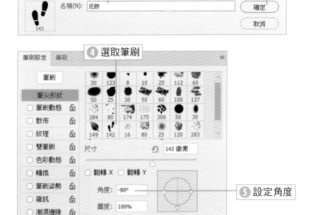

③ 角度的控制設定為「方向」

選取「筆刷動態」，「角度快速變換」的「控制」設定為「**方向**」。

④ 使用筆刷繪圖

以設定的筆刷繪圖，完成往拖曳方向延伸的足跡。

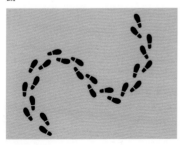

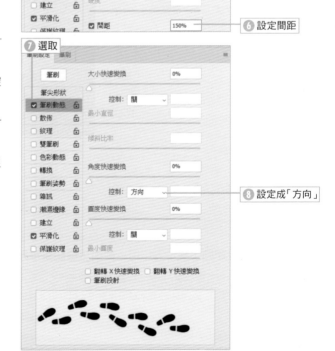

SECTION

7.10

使用頻率

建立新增工具預設

將筆刷儲存成工具預設集

已經建立的筆刷可以儲存成工具預設集。工具預設集除了「筆刷設定」面板的設定之外，也可以儲存工具選項列的設定，還能儲存前景色。已經儲存的筆刷也可以從預設集選取使用。

① 建立新增工具預設

選取要儲存的筆刷，在「筆刷設定」面板中，執行「新增筆刷預設集」命令，或按下「**建立新增工具預設**」鈕 ⊞。

② 按下「否」

在「你要改為建立筆刷預設集嗎？」對話框按下「否」。

> ◎POINT
>
> 筆刷預設集還可以儲存工具選項列或前景色的設定，因此建議使用筆刷預設集。

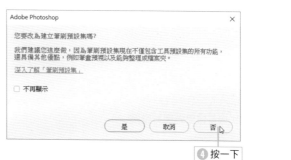

③ 輸入工具預設集名稱

在「新增工具預設」對話框中，**輸入工具預設集名稱**。

④ 儲存成預設集

將新筆刷儲存成工具預設集。

拷貝部分影像並繪圖

這是將影像的特定位置拷貝至其他地方並繪圖的工具，可以創造出相同影像排在一起的特殊效果，或用來刪除掃描影像時的雜點。

① 按一下拷貝來源

這次要將一艘帆船增加成兩艘。

選取「**仿製印章工具**」，按下 `Alt` 鍵（Mac 為 `option` 鍵），游標變成 ⊕ ，接著按一下成為拷貝來源的地方。

○ POINT

建立新圖層，「樣本」設定為「全部圖層」，在新圖層繪圖，就可以利用圖層管理繪圖前與繪圖後的狀態。

① `Alt` ＋按一下

② 拖曳拷貝

放開 `Alt` 鍵，在其他地方拖曳繪圖，可以把**剛才設定的基準影像當作來源進行繪圖**。

② 使用「仿製印章工具」拖曳

繪圖的基準點

▶ 工具選項列的設定

切換「筆刷設定」面板。

切換「仿製來源」面板。

設定前景色的不透明度。

啟動噴槍樣式的形成效果。

設定筆刷的角度。

選取拷貝影像的圖層。

使用繪圖板時，用筆壓調整大小。

效果模式請參考 326 頁

設定筆畫的流量速率。

開啟之後，拷貝時會忽略調整圖層。

選取筆刷，可以調整筆刷尺寸、硬度、圓度、角度。

使用繪圖板時，用筆壓調整不透明度。

沒有勾選時，每個筆畫都從頭開始繪製拷貝來源影像。

TIPS ✉ 的快速鍵

按下半形 [S] 鍵，可以選取「仿製印章工具」。

對齊：開啟

對齊：關閉

▶使用「仿製來源」面板

使用「仿製來源」面板，最大可以設定五個仿製來源（拷貝來源）。此外，使用「仿製印章工具」　🔧 繪製仿製來源時，可以顯示原始影像覆蓋，設定來源的大小及位置。

---

① **在「仿製來源」面板選取設定場所**

開啟「**仿製來源**」**面板**，在設定仿製來源的五個圖示中，按下其中一個（這個範例是按下左邊的來源按鈕）。

❶ 按一下選取五個仿製來源鈕的其中一個

---

② **Alt ＋按一下設定仿製來源**

按住 **Alt** 鍵不放（Mac 為 **option** 鍵）並按一下，設定仿製來源的基準位置，儲存在「仿製來源」面板中。

❷ **Alt ＋按一下**

---

③ **設定「仿製來源」面板**

開始拷貝後，會顯示在偏移基準位置的距離（基準位置為 0,0，右方與下方為正值）。

這個面板可以調整偏移位置，設定仿製時的影像大小與角度。

❸ 選取

最多可以設定五個仿製來源，按一下可以選取來源。
其他檔案也能當作仿製來源。
關閉設定為仿製來源的檔案後，設定就會被刪除。更改設定時，會覆蓋原本的設定。

顯示基準位置的距離。關閉工具選項列的「對齊」，這裡會變成「來源」，顯示仿製來源的基準位置座標值。

> **TIPS** | **顯示覆蓋，掌握繪圖狀態**
>
> 勾選「仿製來源」面板的「**顯示覆蓋**」，會顯示仿製來源的覆蓋狀態，可以掌握實際繪圖時的位置。
>
> 勾選「已裁剪」，只會在筆刷尺寸內顯示覆蓋狀態。如果筆刷尺寸太小，就不會顯示。
>
> 即使隱藏覆蓋，也可以利用 **Shift** ＋ **Alt** 鍵暫時顯示，直接拖曳能改變繪圖位置。此外，還可以設定覆蓋的不透明度、反轉、繪圖時自動隱藏等。
>
>
>
> 顯示覆蓋後，可以在繪圖前決定拷貝位置

污點修復筆刷工具、修復筆刷工具

消除照片的痕跡、雜點、多餘物體

只要使用「污點修復筆刷工具」塗抹，Photoshop 就會進行判斷並自動修復，與背景融合。「污點修復筆刷工具」適合使用在背景單純，想消除小痕跡或雜點的影像。
「修復筆刷工具」可以自行取樣修復部分的影像，適合調整背景複雜的影像。

「污點修復筆刷工具」

「污點修復筆刷工具」 是利用周圍分析出來顏色填滿點擊處或拖曳部分。

① 選取「污點修復筆刷工具」

選取工具列的「污點修復筆刷工具」。
在工具選項列選取修復方法。這次選取「內容感知」。
依照修復部分，設定成較大的筆刷尺寸。

❶ 選取「污點修復筆刷工具」

❷ 設定成大於修復部分的筆刷尺寸

② 拖曳修復

在要修復的地方拖曳（如果修復範圍較窄，也可以按一下）。
利用周圍分析出來的顏色填滿，修復影像。

❸ 拖曳

❹ 修復

▶ 工具選項列的設定

繪圖模式請參考 326 頁。

依照按一下或拖曳區域周圍的相似色進行修復。

依照按一下或拖曳區域周圍的紋理進行修復。

使用繪圖板時，用筆壓調整尺寸。

| ⌂ | 175 | 模式： | 正常 | 類型： | 內容感知 | 建立紋理 | 近似符合 | □ 取樣全部圖層 | ∠ | 0° | ⌖ |

選取筆刷，可以設定筆刷尺寸、硬度、圓度、角度。

使用與周圍相似的顏色填滿按一下或拖曳區域，最適合刪除與背景重疊的影像，如電線。

筆刷的角度

修復前

修復後

TIPS 「近似符合」的「擴散」

選取「近似符合」時，可以針對修復範圍，**設定與周圍像素融合的擴散量**。數值愈低，擴散量愈少，愈高則愈多。一般而言，細緻的影像設定成較小值，平滑的影像設定成較高值。

┃「修復筆刷工具」 ✎.

「修復筆刷工具」 ✎. 和「仿製印章工具」 ♣. 一樣，都是將**特定取樣場所拷貝至其他地方並繪圖**。這個工具適合修復肌膚斑點、果實刮傷等背景複雜的情況。

① 按一下拷貝來源

選取工具列的「**修復筆刷工具**」 ✎.，按住 `Alt` 鍵不放（Mac 為 `option` 鍵）並按一下當作拷貝來源的地方。

② 設定「擴散」

根據修復位置，調整「**擴散**」（融合像素的擴散量）的設定。

③ 拖曳修復位置

拖曳要修復的部分。
拷貝來源影像會依照拷貝目的地的顏色與色調自動融合，修復影像。

① 選取修復筆刷

② `Alt` ＋按一下要填滿修改部分的影像

想刪除橘子上的皺摺

擴散：2

③ 設定

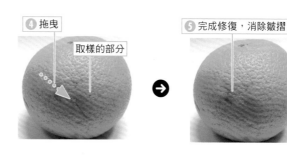

④ 拖曳

取樣的部分

⑤ 完成修復，消除皺摺

TIPS **選取最適合的筆刷**

選取和修復部分相同大小的筆刷，可以完美修復瑕疵。

TIPS **使用「仿製來源」面板**

「修復筆刷工具」 ✎. 和「仿製印章工具」 ♣. 一樣，可以在「仿製來源」面板中，設定多個仿製來源，顯示覆蓋。

▶ 工具選項列的設定

以 CC 2018 之前的演算法修復。

沒有勾選時，每一筆都會從頭開始繪製按住 `Alt` ＋點擊處的影像。勾選之後，即使修復途中放開滑鼠左鍵，也會從相同位置開始繪圖。

選取成為對象的圖層。

設定修復時，是否包含調整圖層。如果不包含，請按一下，變成按下狀態。

使用繪圖板時，用筆壓調整大小。

切換「仿製來源」面板。

`Alt` ＋按一下的位置當作修復來源。

使用選取的圖樣當作修復來源。

針對修復位置，設定與周圍像素融合的擴散量。數值低，擴散量少，數值高，擴散量多。一般而言，細緻影像的設定值小，平滑影像的設定值高。

設定值：2

設定值：7

使用「修補工具」⬛. 將指定範圍重疊在修復位置上

「修補工具」⬛. 是先以套索建立想修復的範圍，接著再拖曳到想套用修復的部分，藉此修復影像。

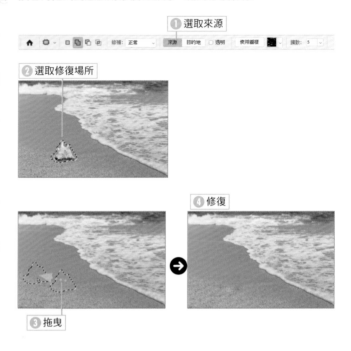

① 選取「來源」並設定範圍

選取工具列的「修補工具」⬛.，在工具選項列選取「來源」。

② 以套索設定範圍

用套索設定想修復的範圍。

③ 拖曳修復

將選取範圍拖曳至想填滿的區域，就可以修復影像。

▶ 選取目標再修復

也可以先選取要使用的部分再修復。

① 選取「目標」並建立選取範圍

在工具選項列設定「目的地」，以套索設定要套用在修復區域的影像範圍。

② 用套索設定範圍

用套索設定想修復的範圍。

③ 拖曳修復

把上個步驟建立的選取範圍拖曳至要填滿的位置，就可以修復影像。

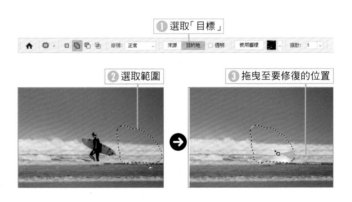

> **TIPS 擴散**
>
> 針對修復範圍，設定讓周圍像素融合的擴散量，請一併參考 180 頁。

> **TIPS 以「內容感知」修復**
>
> 修補的種類選擇「內容感知」，可以依照拖曳目標的內容進行修復。修復步驟和選取「來源」時一樣。

「內容感知移動工具」 ✕.

「內容感知移動工具」 ✕. 可以**自然移動、拷貝選取影像到其他場所**。

① 選取「移動」

選取工具列的「**內容感知移動工具**」 ✕. ,在工具選項列選取「移動」,勾選「陰影變形」。

選取來源影像的保留嚴格程度,1 是最寬鬆,5 是最嚴格。

勾選此項目時,拖曳之後會顯示變形控制項,可以進行變形。

①選取模式　　　**②選取**

移動
延伸

選取「延伸」,會拷貝至拖曳目的地。

如果移動目的地的下面加上了漸層,可以設定融合顏色的程度。10 是最大,設定成 0 代表無效。

② 設定拖曳移動的範圍

拖曳選取想移動的部分。
這裡是用套索建立選取範圍。

③ 拖曳選取移動部分

③ 拖曳移動

把選取範圍拖曳至移動目的地。

④ 拖曳

④ 視狀況變形

勾選「陰影變形」時,按一下選取範圍。
顯示變形控制項,請視狀況拖曳控制點,變形之後,按下 ✓。
影像會自然置入移動目的地,根據周圍的內容填滿原始位置。

⑤ 拖曳控制點變形

⑥ 按一下

⑧ 依照內容填滿

⑦ 自然移動

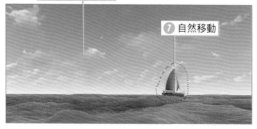

模糊工具、銳利化工具、指尖工具

局部編修

以下將介紹可以讓拖曳部分變銳利、模糊，以及用指尖塗抹編修影像的工具。

■「模糊工具」 ◌.

這是**模糊拖曳部分**的工具，按下 Alt 鍵（Mac 為 option 鍵），可以暫時切換
成「銳利化工具」 △.。

▶ 工具選項列的設定

「模糊工具」 ◌. 的選項是在工具選項列中設定。

設定筆刷角度。

使用繪圖板時，
以筆壓調整大小。

切換「筆刷設定」　設定效果強度，數值愈　　勾選時，會以所有圖層
面板。　　　　　　大，模糊愈強烈。　　　　為對象來套用效果。

整個影像產生模糊效果

■「銳利化工具」 △.

這是讓拖曳部分變清楚的工具。
在「筆刷設定」面板可以選取「銳利化工具」
△.的粗細。按下 Alt 鍵，能暫時切換成「模
糊工具」 ◌.。

果實變清晰，呈現光澤感

▶ 工具選項列的設定

「銳利化工具」 △. 的選項是在工具選項列中設定。

設定筆刷的角度

切換「筆刷設定」　設定效果強度。數值愈大，　勾選後，會以所有圖　　勾選後，可以盡量避免影像變粗糙，　使用繪圖板時，用筆壓調整
面板　　　　　　銳利化效果愈強烈　　　層為對象套用效果　　　或出現雜訊，並讓邊緣變銳利。　　　大小。

「指尖工具」 ✍.

「指尖工具」 ✍.可以製造出像用指尖塗抹顏料的效果。

 ➡

拖曳火焰,將其拉長。

▶ 工具選項列的設定

「指尖工具」 ✍. 的選項是在工具選項列中設定。

切換「筆刷設定」面板。

設定效果強度,數值愈大,開始拖曳處的顏色愈強烈。

使用繪圖板時,用筆壓調整大小。

設定筆刷角度。

勾選後,會以所有圖層為對象套用效果。

勾選後,可以像用手指塗抹前景色般繪圖。沒有勾選時,要按住 Alt 鍵不放並拖曳。

TIPS　「紅眼工具」

使用「紅眼工具」 ⁺◉.,每按一下,就可以修正紅眼問題。在工具選項列也能執行簡單的設定。

🏠　⁺◉ ⌄　瞳孔大小: 50% ⌄　變暗量: 50% ⌄

加亮工具、加深工具、海綿工具、顏色取代工具

局部調整照片的顏色及明暗

以下將介紹用筆刷拖曳,可以局部編修照片明暗及色彩的工具。

「加亮工具」 ❛ 與「加深工具」 ❛

「加亮工具」❛ 可以**提高**拖曳部分的影像亮度,按下 Alt 鍵(Mac 為 option 鍵)能暫時切換成「加深工具」。

「加深工具」❛ 可以**降低**拖曳部分的影像亮度,按下 Alt 鍵(Mac 為 option 鍵)能暫時切換成「加亮工具」。

使用「加亮工具」變亮

▶ 工具選項列的設定

工具選項列可以設定「加亮工具」❛ 與「加深工具」❛ 的筆刷項目與曝光度等。

設定筆刷角度。

切換「筆刷設定」面板。

使用繪圖板時,用筆壓調整大小。

| ⌂ | ◐ ∨ | ◉ 150 | ☑ | 範圍: 中間調 ∨ | 曝光度: 64% | ∨ | ✎ | ⚊ 0° | ☑ 保護色調 | ◐ |

設定編修色調。陰影是編修陰暗部分,亮部是編修明亮部分。

陰影
中間調
亮部

設定曝光度,數值愈大,更改亮度的效果愈強烈。

勾選之後,可以維持周圍顏色的色調並調整顏色的明暗。

使用「加深工具」變暗

「海綿工具」 ❛

「海綿工具」❛ 可以**局部提高或降低**拖曳部分的飽和度(顏色的鮮豔度)。

▶ 工具選項列的設定

在工具選項列可以設定「海綿工具」 ●. 的筆刷項目與飽和度。

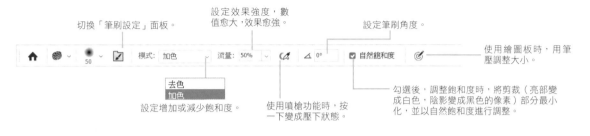

切換「筆刷設定」面板。

設定效果強度，數值愈大，效果愈強。

設定筆刷角度。

使用繪圖板時，用筆壓調整大小。

去色
加色

設定增加或減少飽和度。

使用噴槍功能時，按一下變成壓下狀態。

勾選後，調整飽和度時，將剪裁（亮部變成白色，陰影變成黑色的像素）部分最小化，並以自然飽和度進行調整。

「顏色取代工具」

「顏色取代工具」 . 可以辨識通過筆刷中心的部分，**取代繪圖部分的顏色**，以加上彩色濾鏡的方式填色。

① 設定「顏色取代工具」

選取工具列的「顏色取代工具」 . ，再選取要填滿的顏色。

在工具選項列設定「顏色取代工具」。

② 拖曳取代顏色

在想更改顏色的影像上拖曳。

以筆刷中央的＋取樣部分像素，判斷筆刷要取代的顏色範圍，根據選項列的設定填色。

原始影像

① 設定前景色

② 拖曳繪圖

③ 更改顏色

▶ 工具選項列的設定

在工具選項列設定「顏色取代工具」 . 。

選取前景色的「色相」、「飽和度」、「顏色」、「明度」再繪圖。

色相
飽和度
顏色
明度

只取代最初包含點擊顏色的區域。

非連續的：只能取代筆刷底下的顏色。
連續的：可以取代與筆刷底下顏色的相鄰的。
尋找邊緣：維持輪廓同時取代相鄰區域的顏色。

拖曳中持續取樣，可以擴大取代顏色的範圍。

只取代包含背景色的顏色。

設定成為取代顏色的對象範圍，數值愈小，改變的範圍愈小。

勾選後，可以消除取代顏色的鋸齒問題。

187

漸層工具

以漸層填色

使用「漸層工具」可以繪製出逐漸變化顏色的漸層，也可以自訂漸層的顏色或圖樣。

「漸層工具」與種類

使用「**漸層工具**」 ，就能用漸層繪圖。
Photoshop 提供五種漸層類型，請在工具選項列選取後再繪圖。

這些漸層只有繪圖形狀不同，繪圖方法、選項的設定是一樣的。

線性漸層
以線性漸層繪圖。

放射性漸層
以圓形的中心為起點，圓周為終點來繪圖。

角度漸層
使用連接起點與終點的線條，以起點為中心旋轉的漸層繪圖。若起點與終點同色，可以展現出圓錐的特色。

反射性漸層
以起點為中心，在終點的相反側也建立起點到終點的線性漸層並繪圖。

菱形漸層
以起點為中心，終點為正方形外圍邊角的菱形繪圖。

使用「漸層工具」 ，填色

試著利用漸層繪圖。建立選取範圍後，以漸層填滿該範圍。

① 建立選取範圍

建立要套用漸層的選取範圍。
如果沒有選取範圍，會以選取中的整個圖層為對象。

② 拖曳設定方向

選取工具列的「**漸層工具**」 。
按一下工具選項列的「**按一下以開啟漸層揀選器**」 ，選取要套用的漸層，**往漸層方向拖曳**。

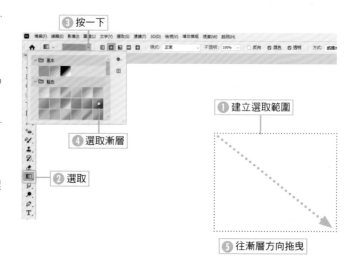

③ 按一下

④ 選取漸層

② 選取

① 建立選取範圍

⑤ 往漸層方向拖曳

③ 繪製漸層

以漸層填滿選取範圍。

◇POINT

拖曳漸層時，會以終點與起點的顏色填滿中間的區域。

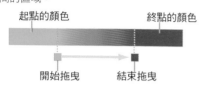

起點的顏色　　　　　　　終點的顏色

開始拖曳　　　　結束拖曳

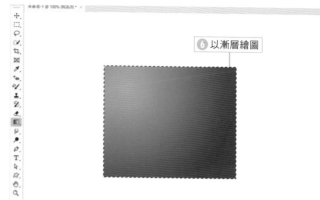

⑥以漸層繪圖

▶ 工具選項列的設定

套用漸層之前，可以先設定工具選項列的漸層混合模式、不透明度、種類等項目。

「工具預設」揀選器

按一下會顯示漸層編輯器。

選取漸層的種類。

設定混合模式。

反轉漸層的起點與終點。

以設定不透明度的漸層繪圖時，可以使用這個項目。關於漸層的不透明度，請參考 191 頁的說明。

按一下會顯示面板選單。

這裡可以設定繪圖時的不透明度，數值愈小，愈會透出底下的顏色，設定成 100%，會完全填滿漸層。

建立均勻一致的平滑混色。

選擇建立漸層的方法。
感應式（預設）：建立最接近人類在現實世界裡看到的漸層。
線性：建立接近自然光的漸層。
傳統：這是原本建立漸層的方法。

這是已經儲存的漸層預設集，你可以開啟各個群組，從中選取適合的漸層。

■ 建立、編輯漸層

除了事先準備的漸層預設集，你也可以自行設定終點、起點、中間點的位置，自訂漸層。

---

① 開啟漸層編輯器

按一下工具選項列的漸層部分，開啟「**漸層編輯器**」對話框。

在「漸層編輯器」對話框中，可以編輯漸層的顏色、更改名稱、建立新漸層。

①按一下

② 設定漸層

按一下漸層的色標，選取色標。按一下「顏色」，可以開啟檢色器，能設定漸層的顏色。
拖曳中點，可以設定漸層的變化量。
輸入漸層名稱，按一下「**新增**」。

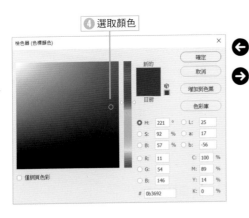

⦿POINT

在漸層編輯器的漸層類型選取「雜訊」，可以建立沒有平滑色階，加入雜訊的漸層。

③ 儲存漸層

將新的漸層儲存成預設集。

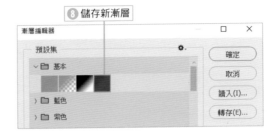

▶設定起點、終點、中點

移動起點、終點、中點（漸層列下方的菱形），
可以為漸層的顏色加上變化。
位置方塊的數值代表選取的起點、終點、中點
位於漸層列的何處。

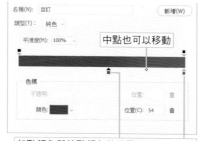

起點顏色與終點顏色的位置可以不在兩端

建立多色漸層

按一下漸層列下方，可以在「顏色」選取**要增加
的中點顏色**。使用和起點顏色、終點顏色一樣的
方法設定中點顏色。
建立中點顏色時，會在色標之間產生菱形的**中
點**。中點和色標一樣可以拖曳移動，能用 % 設定
數值。
代表中點位置的 % 把兩種相鄰色的間隔顯示為
100%。

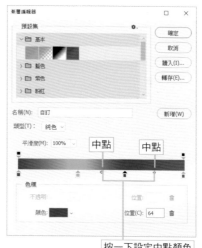

按一下設定中點顏色

設定漸層的不透明度

漸層顏色也可以設定不透明度。選取漸層列上方的不透明色標，
在「不透明」方塊設定不透明度。

> **POINT**
>
> 如果沒有勾選工具選項列的「透明」，就無法以設定了不
> 透明度的漸層繪圖。

① 選取「透明」色標
② 設定不透明度

TIPS　漸層管理

將選取的漸層設定轉存成檔案，之後可以載入其他文件。
在工具選項列，選取漸層的漸層面板上按右鍵，即可顯示選單，轉存或
讀入漸層，還可以增加或刪除群組，更改漸層名稱。

按右鍵

圖樣預視、定義圖樣、填滿、圖樣印章工具

建立圖樣並填滿

Photoshop 可以把指定的選取範圍定義成圖樣,當作「填滿」功能的繪圖來源。CC 2023 可以利用圖樣預視功能,輕易模擬圖樣效果。

使用圖樣預視建立圖樣

使用圖樣預視,可以輕易完成無接縫圖樣。

① 開啟圖樣預視

建立圖樣用的新文件,執行「檢視→圖樣預視」命令。

如果出現警告對話框,請按下「確定」鈕。

畫面上就會顯示代表文件大小的藍色矩形。

② 設計圖樣

藍色矩形內繪製的圖形或影像會當作圖樣,在外側區域重複顯示。

在矩形內或矩形上繪製形狀。

超出畫布的部分會顯示在上下左右的相反側,呈現完美無縫隙的圖案。

這個範例繪製了三種花朵圖案。

③ 儲存圖樣

按下「圖樣」面板的 回,或執行「編輯→定義圖樣」命令。

> **POINT**
>
> 請視狀況選取圖樣群組,或建立新圖樣群組。

④ 輸入圖樣名稱

在「圖樣名稱」對話框中輸入圖樣名稱,按下「確定」鈕儲存圖樣。

> **POINT**
>
> 以前若要建立自訂圖樣,必須先定義圖樣再執行填滿命令。但是使用圖樣預視,可以根據矩形內的圖案,即時檢視擴大到矩形外側的圖樣。

① 執行「檢視→」圖樣預視」命令

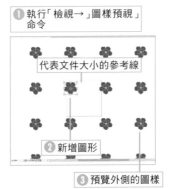

代表文件大小的參考線

② 新增圖形

③ 預覽外側的圖樣

④ 增加其他形狀並繪圖

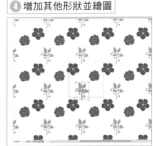

⑤ 按一下

⑧ 儲存成圖樣

圖樣名稱

⑥ 輸入圖樣名稱

名稱(N): 花朵圖案

確定

取消

⑦ 按一下

選取圖形再建立圖樣

使用圖樣預視製作圖案是最簡單的方法，不過以下要說明「定義圖樣」，以「矩形選取畫面工具」建立影像，儲存成圖樣的方法。

① 建立圖樣的選取範圍

使用「矩形選取畫面工具」 ，選取要定義成圖樣的影像範圍。

① 建立選取範圍

TIPS　預設集管理員

執行「編輯→預設集→預設集管理員」命令，可以管理已經儲存的圖樣。

② 執行「定義圖樣」命令

按一下「圖樣」面板的 ，或執行「編輯→定義圖樣」命令。

③ 輸入圖樣名稱

在「圖樣名稱」對話框中輸入圖樣名稱，按下「確定」鈕，即可將圖樣儲存成圖樣預設集。

③ 按一下

圖樣名稱

名稱(N): 圖樣 02

② 輸入圖樣名稱

使用圖樣填滿

定義圖樣後，執行「**填滿**」命令、「填滿路徑」命令，或設定圖層樣式的「紋理」、「圖樣覆蓋」等，可以**把圖樣當作繪圖來源使用**。

以「填滿」命令繪製的圖樣

選取圖樣。除了已經建立的圖樣之外，也可以載入資料庫，從中選取你要的圖樣。

填滿

內容：　圖樣

確定

取消

選項

自訂圖樣：

☐ 指令碼(S):　磚紋填色

混合

磚紋填色
交叉織物
沿路徑放置
隨機填色
螺旋形
對稱填色

▶圖樣填滿與「指令碼」選項

在「填滿」對話框選取圖樣之後，就從左上開始，依序排列填滿你選取的自訂圖樣。

勾選「指令碼」，選取「磚紋填色」、「交叉織物」、「隨機填色」、「螺旋形」、「對稱填色」，即可依照對話框的設定，以各種排版方式排列填滿圖樣。

選取「延路徑放置」，可以按照取的路徑配置圖樣。

選取「對稱填色」開啟的對話框

使用「圖樣印章工具」繪製圖樣

在「仿製印章工具」的子選單中，**包含能以定義圖樣繪圖的「圖樣印章工具」**。只要在畫面上拖曳，即可用選取的圖樣繪圖。

▶工具選項列的設定

工具選項列可以設定圖樣的效果模式及不透明度。

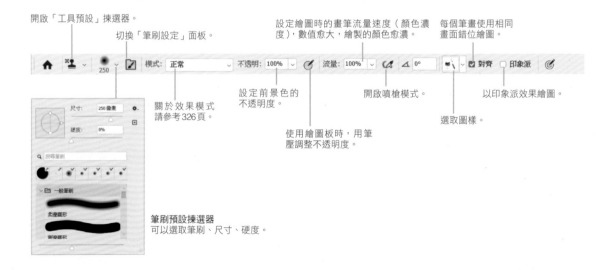

開啟「工具預設」揀選器。

切換「筆刷設定」面板。

設定繪圖時的畫筆流量速度（顏色濃度），數值愈大，繪製的顏色愈濃。

每個筆畫使用相同畫面錯位繪圖。

關於效果模式請參考326頁。

設定前景色的不透明度。

開啟噴槍模式。

以印象派效果繪圖。

使用繪圖板時，用筆壓調整不透明度。

選取圖樣。

筆刷預設揀選器
可以選取筆刷、尺寸、硬度。

調整照片色調與明暗

因過暗、過亮、色偏、逆光等因素,導致拍攝效果不佳的照片,可以透過 Photoshop 提供的各種方法調整,利用色階、曲線、色彩平衡等功能進行編修。

調整效果可以當作圖層來管理,能反覆調整或重做。

SECTION 8.1

使用頻率

○ ○ ○

使用調整圖層更改色調

Photoshop 可以隨意調整影像的配色、明暗、對比，依照個人喜好調整影像的色調。
這些效果可以儲存成圖層，讓影像在維持原始狀態下進行調整。

照片效果不如預期的調整方法

拍照時，可能遇到結果不如預期的情況，包括顏色混濁、整體偏
暗、偏亮、偏模糊、顏色不夠鮮豔等。

此時，可以色彩校正，**調整明暗、顏色深淺、色調**，完成接近理
想狀態，讓人印象深刻，符合拍照意境的影像。

在「**影像→調整**」命令的子選單中，提供了各種調整命令。

最常用的命令是「**色階**」、「**曲線**」、「**色相／飽和度**」。

調整效果可以套用在選取範圍，如果沒有建立選取範圍，會套用
在整個影像或圖層。

調整命令

使用調整圖層可以重新編輯

Photoshop **可以把調整效果當成獨立的圖層**，不會影響原始影像，能輕易切換顯示或隱藏調整效果、編輯遮色片或
重新調整，還可以建立多個調整圖層。如果要建立調整圖層，請按一下「圖層」面板的 鈕。

下面範例在「背景」圖層上方，新增拷貝女孩與兔子的圖層（套用調整圖層前）。選取背景圖層，利用「色相／飽和
度」調整圖層更改亮度與飽和度，單獨調暗背景。

沒有調整圖層

在背景影像上方新增女孩與兔子影像的圖層。

套用「色相／飽和度」調整圖層

只在「背景」圖層套用「色相／飽和度」調整圖層，上面的女孩與兔
子影像不受調整圖層的影響。

建立調整圖層

❶ 選取想套用的圖層　❸ 按一下

❷ 選取

① 建立新調整圖層

調整圖層會建立在選取圖層的上方，因此請先選取你想套用調整圖層的圖層。

按一下「圖層」面板的「**建立新填色或調整圖層**」鈕 ❹，選取選單中的調整項目（這個範例是指「色階」（請參考 202 頁）。

◎POINT

執行「圖層→新增調整圖層」命令，可以開啟對話框，設定調整圖層名稱、顏色、混合模式、不透明度。

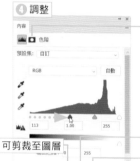

可以設定圖層名稱、顏色、剪裁遮色片等。

② 使用「內容」面板調整

開啟「**內容**」面板（這個範例是指「色階」），調整色階分佈圖。

❹ 調整

◎POINT

按一下「**可剪裁至圖層**」 ⊡ 只會在下方圖層套用調整效果，更下方的圖層不會受到調整效果的影響。

編輯圖層遮色片

按一下「圖層」面板中的圖層遮色片縮圖，「內容」面板會變成編輯圖層遮色片的狀態。

可剪裁至圖層

顯示調整前的狀態

恢復預設值

③ 完成調整圖層

建立調整圖層，對調整圖層下方的所有圖層套用調整效果（這個範例是指「色階」）效果。

「內容」面板的內容會隨著選取的圖層，或取消選取調整圖層而改變。

調整圖層一定會建立**圖層遮色片縮圖**，編輯圖層遮色片，可以調整套用範圍。

❺ 只在下面的照片套用調整效果

調整圖層

TIPS　使用「調整」面板

開啟「調整」面板，按一下你想使用的調整按鈕，即可在「圖層」面板建立調整圖層，在「內容」面板進行調整。

在「調整」面板進行調整

按一下

在選取範圍套用調整圖層

如果沒有建立選取範圍，會在整個圖層套用調整圖層。**以選取範圍建立圖層遮色片**後再執行，可以只在選取範圍內套用調整效果。

❶ 建立選取範圍

① 建立選取範圍

建立要套用調整圖層的選取範圍，這個範例選取了兔子。

> **TIPS　套用多種調整效果**
>
> 一個調整圖層只能設定一種調整效果，如果想使用多種調整效果，請建立多個調整圖層。

❷ 在選取範圍套用「曲線」調整圖層

② 套用調整圖層

建立調整圖層（這個範例為「曲線」）之後，只**在選取範圍內套用調整圖層**，調整圖層會顯示**圖層遮色片縮圖**，並以白色代表套用效果的部分，選取範圍之外的顏色維持不變。

圖層遮色片縮圖
在圖層遮色片的白色部分套用調整效果。

> **TIPS　局部刪除套用調整圖層的部分**
>
> 選取調整圖層的圖層遮色片縮圖，使用黑色塗抹可以刪除效果，**以白色塗抹能套用效果**。圖層遮色片縮圖的白色與黑色分別代表選取與非選取部分，使用筆刷等工具調整區域大小，即可更改調整圖層的套用範圍。

選取圖層遮色片縮圖

以白色塗抹頭髮，套用調整效果

更改調整圖層的設定

已經建立的調整圖層可以隨意更改調整效果。

① 在調整圖層縮圖按兩下

在「圖層」面板中的**調整圖層縮圖按兩下**。

② 調整設定

② 使用「內容」面板重新調整

開啟「內容」面板，這裡會顯示「曲線」的設定，可以進行調整。按一下遮色片圖示 ◻ ，能調整遮色片的密度、羽化、邊緣、顏色範圍。這個範例降低了圖層遮色片的密度。

③ 套用調整後的效果

在選取範圍套用調整後的效果，改變選取範圍內的色相，並在遮色片加上模糊效果。

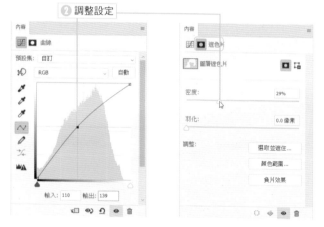

> **TIPS　檢視調整前的狀態**
>
> 套用調整圖層的效果後，按住「內容」面板的 ◉ 鈕，會顯示調整前的預視狀態。

SECTION 8.2

顯示與讀取色階分佈圖的方法

使用頻率

常和曲線一起使用的色階是以色階分佈圖顯示色彩的分佈狀態，更改圖表的設定，可以調整亮度與色調。

色階的調整原理（何謂色階分佈圖）

執行「影像→調整→色階」命令，或開啟「色階分佈圖」面板，都能檢視色階分佈圖。

如果是 RGB 影像，利用色版下拉式選單，可以切換顯示 R、G、B 色版，以及整體複合色版的色階分佈圖。

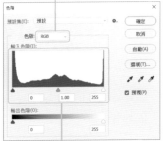

整個影像的複合色版

色階分佈圖

紅色版

綠色版

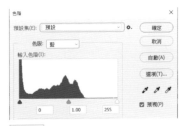

藍色版

色階分佈圖是把每個色版與整體影像分成暗色往亮色變化的 256 個色階，**垂直堆疊各個色階像素數的圖表**。

垂直軸為像素數，水平軸是左邊為黑色，愈往右愈白的色階像素。山峰偏左，可以判斷這是較陰暗的影像，山峰偏右代表是明亮的影像。

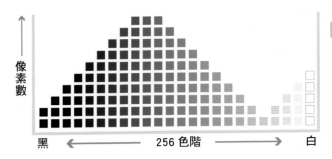

像素數

黑 ← 256 色階 → 白

TIPS　顯示色版的快速鍵

Ctrl	+2	複合色版
Ctrl	+3	紅色版
Ctrl	+4	綠色版
Ctrl	+5	藍色版

▌檢視色階分佈圖

「色階分佈圖」面板透過顯示各個色階（水平軸）的像素數（垂直軸），把**像素分佈轉換成圖表**。選項選單可以切換「精簡視圖」、「擴展視圖」、「所有色版視圖」，「來源」選取「複合影像調整」，能檢視調整前與調整後的像素分佈變化。

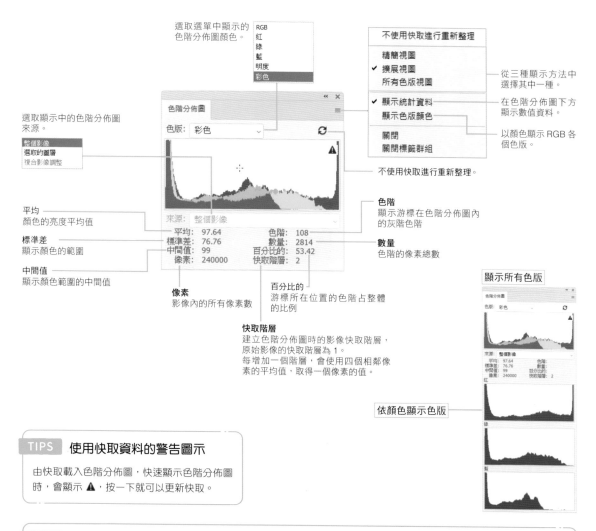

選取選單中顯示的色階分佈圖顏色。

RGB
紅
綠
藍
明度
彩色

不使用快取進行重新整理

精簡視圖
✓ 擴展視圖
所有色版視圖

✓ 顯示統計資料
顯示色版顏色

關閉
關閉標籤群組

從三種顯示方法中選擇其中一種。

在色階分佈圖下方顯示數值資料。

以顏色顯示 RGB 各個色版。

不使用快取進行重新整理。

色階分佈圖

色版：彩色

選取顯示中的色階分佈圖來源。

整個影像
選取的圖層
複合影像調整

來源：整個影像

色階
顯示游標在色階分佈圖內的灰階色階

平均
顏色的亮度平均值

標準差
顯示顏色的範圍

中間值
顯示顏色範圍的中間值

平均： 97.64
標準差： 76.76
中間值： 99
像素： 240000

色階： 108
數量： 2814
百分比的： 53.42
快取階層： 2

數量
色階的像素總數

像素
影像內的所有像素數

百分比的
游標所在位置的色階占整體的比例

快取階層
建立色階分佈圖時的影像快取階層，原始影像的快取階層為 1。
每增加一個階層，會使用四個相鄰像素的平均值，取得一個像素的值。

顯示所有色版

依顏色顯示色版

CHAPTER 8　調整照片色調與明暗

TIPS **使用快取資料的警告圖示**

由快取載入色階分佈圖，快速顯示色階分佈圖時，會顯示 ⚠，按一下就可以更新快取。

TIPS **動態範圍**

色階分佈圖的橫向幅度稱作動態範圍，從動態範圍的寬窄以及擴展方式，可以瞭解影像的特性。

TIPS **色階分佈圖出現缺少像素的情況**

如果色階分佈圖出現嚴重的缺損（跳階），請轉換成 16 位元／色版模式進行調整，再恢復成 8 位元／色版模式，就能有所改善。

執行「影像→調整→色階」命令

利用色階調整影像明暗

使用色階可以調亮過於陰暗的影像，或調暗過於明亮的影像，讓中間調變暗或變亮。執行「影像→調整→色階」命令，或建立「色階」調整圖層，利用色階分佈圖進行調整。

利用滑桿增加暗部讓影像變暗

色階分佈圖下方有▲▲△三個滑桿，你可以拖動它們左右移動，**讓色階分佈圖的形狀產生變化以調整亮度**。請先判斷亮度色階有多少像素再調整。

① 調整暗部

往右拖曳**陰影滑桿▲**，設定成 50，黑色游標移動到 50 色階的位置，**比▲還左邊的部分變成黑色**。

增加黑色部分，在維持整體影像色調的狀態下，擴大黑色範圍，往黑色方向移動像素，讓整個影像變暗。

> **● POINT**
>
> 在開啟「色階」對話框的狀態下，若要恢復成原始狀態，按下 [Alt] 鍵，可以讓「取消」鈕變成「重設」鈕，再按下該鈕即可。

原始影像

延伸這個範圍

輸入色階(I):

這個範圍變成黑色

拖曳或輸入數值

50　1.00　255

② 確認色階分佈圖

按下「確定」鈕，確定之後，重新檢視色階分佈圖，可以看到 50 ～ 255 的範圍延伸成 0 ～ 255，色階分佈圖出現缺損狀態（跳階）。

增加黑色像素，中間調的部分也變暗，調整成整體較為陰暗的影像。

> **● POINT**
>
> 「輸出色階」滑桿可以調整陰影與亮部的亮度，降低影像的對比。
> 往右拖曳▲，影像的陰暗部分變明亮並降低對比。
> 往左拖曳△，影像的亮部變暗並降低對比。

增加黑色像素，中間調也變暗，形成整體偏暗的影像。

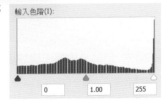

輸入色階(I):

0　1.00　255

利用△滑桿增加亮部讓影像變明亮

1 調整明亮部分

往左拖曳**亮部滑桿△**，設定為 195，**比△還右邊的像素變成白色**，維持整體影像的色調，同時讓影像變明亮。

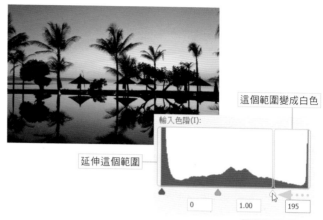

這個範圍變成白色

延伸這個範圍

輸入色階(I):

0　　1.00　　195

拖曳或輸入數值

2 確認色階分佈圖

按下「確定」鈕後，重新檢視色階分佈圖，0 ～ 195 的範圍延伸成 0 ～ 255，色階分佈圖出現缺損（**跳階**）。

整體影像變明亮，增加亮部像素。

增加白色像素，中間調也變明亮，變成整體較為明亮的影像。

輸入色階(I):

0　　1.00　　255

▲使用滑桿調整中間調

1 放大中間色（gamma）

拖曳▲與△滑桿，**中間調滑桿▲**也會自動配置在▲與△的中間（gamma 值為 1）。

▲滑桿代表 gamma 值，大於 1（在左邊）時，影像會變明亮。

輸入色階(I):

0　　0.61　　255

拖曳或輸入數值

自動調整

按下「內容」面板或對話框的「**自動**」鈕，可以
將影像最明亮的像素設定為 255，最陰暗的像
素設定為 0。

執行「影像→自動色調」命令（ Shift + Ctrl +
[L] ），也能獲得相同效果。

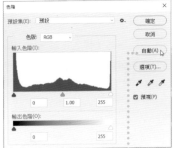

自動調整色階

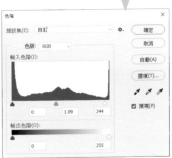

> **TIPS**　更改自動調整的設定範圍
>
> 在面板選單中執行「自動選項」命令，或按下
> 對話框的「選項」鈕開啟「自動色彩校正選項」
> 對話框。
>
> 在這裡執行自動調整時，可以設定要忽略最暗
> 色與最亮色的百分比。
>
> 預設值為 0.1%，最亮部分與最暗部分的 0.1%
> 像素會被忽視。換句話說，即使捨棄整個影像
> 的 0.1%，也不會影響本身的外觀。

使用滴管工具設定亮部與陰影

對話框內包括**設定最暗點** 🖋 、**設定灰點** 🖋 、
設定最亮點 🖋 。

以設定黑點 🖋 按一下影像內想變得最暗的地
方，該部分就會變成最暗點。

以設定最亮點 🖋 按一下影像內想變得最白的
地方，該部分會調整成最白色階。

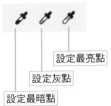

設定最亮點

設定灰點

設定最暗點

按一下設定最暗點

按一下設定最亮點

SECTION

8.4

使用頻率

執行「影像→調整→曲線」命令

利用曲線調整明暗

在 Photoshop 的調整工具中，利用彎曲形狀調整影像亮度與對比的曲線是最常用的工具。

▌曲線的原理

執行「影像→調整→曲線」命令（ Ctrl + [M]），開啟「曲線」對話框。

或者，也可以在「調整」面板中選取「曲線」。

如果是 RGB 影像，可以利用下拉式選單切換顯示 R、G、B 各個色版與複合色版的曲線。

曲線是利用目前影像值（含 256 色階的水平軸）及調整後影像值（含 256 色階的軸）所形成的矩陣，調整各個色版與整體影像的曲線形狀，更改影像內的色彩資料。

預設狀態是往右上升的 45°線，調整前與調整後的結果為相同狀態。

在曲線上拖曳，會在開始拖曳的位置設定固定點，可以移動曲線。

調整後的影像

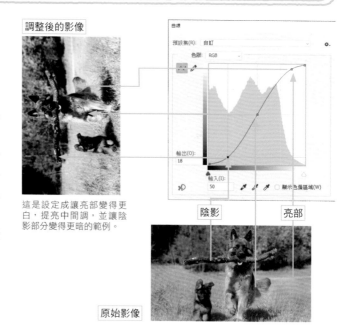

這是設定成讓亮部變得更白，提亮中間調，並讓陰影部分變得更暗的範例。

陰影　　亮部

原始影像

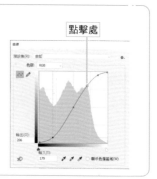

▌讓偏暗的影像變明亮

① 顯示偏暗的影像

① 開啟「曲線」對話框

調整整體曝光度不足的陰暗影像。

開啟「曲線」對話框或「調整」面板的「曲線」。

② 往上拖曳曲線

往上拖曳曲線可以讓陰暗影像變明亮。

若想以白色顯示接近白色的部分，要將右上方
的錨點往左拖曳，或往左拖曳△滑桿。

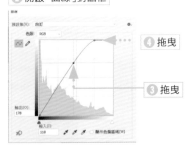
② 開啟「曲線」對話框
④ 拖曳
③ 拖曳

③ 調整影像

原本陰暗的影像變明亮。

⑤ 調亮影像

> **◎POINT**
>
> 如果想讓影像變暗，要往右下方移動曲線。

▶設定最亮點工具 ✐

使用設定最亮點工具 ✐，按一下想變成白色的部分，可以調整亮度與色彩平衡。

① 使用設定最亮點工具 ✐ 按一下

開啟「曲線」對話框，使用設定最亮點工具 ✐
按一下想變成白色的影像部分。

① 按一下

② 點擊處變成白色

該處變成白色，並調亮整體影像。

② 點擊處變成白色，
調亮整體影像

增加對比

整體模糊的影像，色階分佈圖的山峰偏向中央，請調整曲線加強明亮與陰暗部分的強弱，而對比較強烈的影像，可以藉由曲線降低對比。

① 開啟影像

開啟整體缺乏對比的影像。

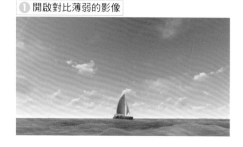

❶ 開啟對比薄弱的影像

② 調整錨點與曲線

在「曲線」對話框或面板中，把陰影設定在右邊，亮部設定在左邊，並讓中間調微彎。

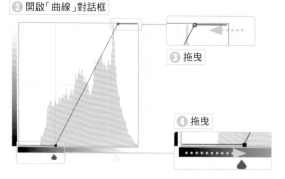

❷ 開啟「曲線」對話框

❸ 拖曳

❹ 拖曳

> **TIPS**　讓曲線恢復成預設狀態
>
> 按下 Alt 鍵，「取消」鈕切換成「重設」鈕，按一下就能恢復成預設的 45° 線狀態。

③ 調整影像

調整之後，亮部接近白色，暗部變得比較暗，加強了影像的對比。

> **TIPS**　曲線選項
>
> 「曲線」對話框的右側顯示了選項的設定項目。「顯示量」可以選取「光」（RGB 影像 0 ～ 255 的照度值）或「顏料／油墨」（CMYK 影像顯示 0 ～ 100%）進行調整。
>
> 你可以利用顯示顏料量的減色法「顏料／油墨」來調整曲線。RGB 影像的預設值是「光」，CMYK 影像的預設值是「顏料／油墨」。「顏料／油墨」的左下方為白色，顯示為 0-100%。
>
> 「顯示」的選項包括基線、相交線、色階分佈圖等項目。
>
> 在「內容」面板的「曲線」中，可以執行面板選單中的「曲線顯示選項」命令，再進行設定。
>
>
>
>

利用色彩平衡改變顏色的方向

色彩平衡可以維持影像的亮度，修正顏色的方向。去除掃描影像產生的色偏問題，修正成接近原稿的顏色。

利用色彩平衡修改影像

執行「影像→調整→色彩平衡」命令（ Ctrl ＋ [B] ），
開啟「色彩平衡」對話框。
利用「圖層」面板的 ◓ 鈕，或透過「調整」面板，
也可以使用調整圖層進行調整。

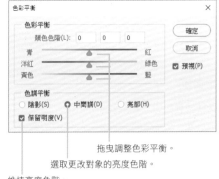

拖曳調整色彩平衡。

選取更改對象的亮度色階。

維持亮度色階。

按一下「陰影」、「中間調」、「亮部」鈕，可以分別調整三個部分的顏色方向。
檢視色輪，可以發現「青 - 紅」、「洋紅 - 綠色」、「黃色 - 藍」各軸有著補色關係，利用滑桿能確認要往哪個方向調整顏色。
以下的設定與影像全都是以中間調進行調整後的結果。

原始影像

▶ **分別調整陰影、中間調、亮部**

選取滑桿下方的「陰影」、「中間調」、「亮部」，可以依照影像的**亮度部分修改顏色的方向**。

原始影像

陰影的洋紅-50

亮部的青+50

亮部的洋紅-50

▶ **保留明度**

勾選「保留明度」時，會自動調整補色色版，並保持亮度。沒有勾選時，各個色版獨立調整，亮度會產生變化。

TIPS　**自動色彩校正**

執行「影像→自動色彩」命令（ Shift ＋ Ctrl ＋ [B]），**可以自動去除影像中不必要的色調**。此時，會直接更改影像的像素資料。

以調整圖層執行調整時，請在「自動色彩校正選項」對話框的「運算規則」中，選取「尋找深色與淺色」、「靠齊中間調」，設定陰影與亮部的裁剪量，調整中間調的目標顏色。

按下「確定」鈕，回到對話框再按下「自動」鈕，套用自動色彩校正。

TIPS　**「曝光度」命令**

執行「影像→調整→曝光度」命令，或使用「調整」面板的「曝光度」，可以**調整高動態範圍的 HDR 影像**。Photoshop 也支援 32 位元／色版的影像。

調整曝光度（調整亮部，減少對陰影的影響）、偏移量（調暗陰影與中間調）、Gamma 校正（調整影像的 Gamma 值），可以更改影像的曝光度。

執行「影像→調整→亮度／對比」命令

調整亮度與對比

「調整」中的「亮度／對比」是更改影響整體影像曝光度多寡的亮度，以及製造明暗差異的對比。

讓陰暗的照片變得明亮清晰

① **執行「亮度／對比」命令**

開啟影像。

執行「影像→調整→亮度／對比」命令，開啟「亮度／對比」對話框。

按下「圖層」面板的 ◑. 鈕，或使用「調整」面板的調整圖層，也可以執行調整。

② **拖曳滑桿**

往右拖曳**「亮度」滑桿**，影像的亮部擴大變明亮；往左拖曳，影像的陰影部分擴大變陰暗。往右拖曳**「對比」滑桿**，可以加強對比，往左拖曳能降低對比。

拖曳或輸入數值

③ **改變影像的亮度**

影像變得明亮。

◉POINT

勾選「使用舊版」，會按照 CS3 之前的舊版方式，往上或下移動調整像素值，因而可能讓亮部與陰影的影像細節消失。

TIPS **自動對比**

執行「影像→自動對比」命令（ Alt + Shift + Ctrl + [L] ），可以讓**影像中最暗的像素變成黑色，最亮的像素變成白色**，自動調整陰影與亮部。

執行「影像→調整→色相/飽和度」命令

調整色相與飽和度

如果要調整影像的特別色或整體影像的色相、亮度、飽和度,可以執行「影像→調整→色相/飽和度」命令。

調整色相

▶ 開啟「色相/飽和度」對話框

執行「影像→調整→**色相/飽和度**」命令(Ctrl+ [U])。

按下「圖層」面板的 ◑. 鈕,或使用「調整」面板的調整圖層,也可以進行調整。

◎POINT

你可以透過下拉式選單選取你想調整的系統色。「主檔案」是更改整體影像的顏色,使用預設集選單中事先準備的組合,也可以進行調整。

在影像內拖曳,可以調整飽和度

▶ 何謂色相

色相是如右圖所示,依青→藍→洋紅→紅→黃→綠→青變化的色調。

調整色相值,**顏色會依照色相環的順序產生變化。**

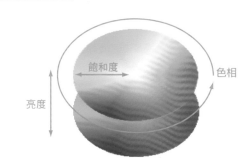

▶ 調整主檔案的色相

在選取「主檔案」的狀態,拖曳色相滑桿,可以改變整個影像的色相。

原始影像	色相設定為+40	色相設定為-40

▶ 操作色彩導表

在下拉式選單中，選取「主檔案」以外的特定顏色，例如選擇「紅色」時，你可以操作色彩導表調整目標顏色，或更改漸變的區域。能更精細地調整特定顏色。

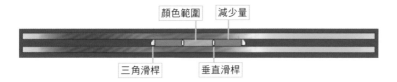

調整飽和度

飽和度是指顏色的鮮豔度。拖曳飽和度滑桿，**顏色的鮮豔度會產生變化。**

把飽和度滑桿拖曳到最左邊，影像會變成灰階，這種效果和執行「影像→調整→去除飽和度」命令（ Shift + Ctrl + [U]）一樣。

原始影像

飽和度設定為+30

飽和度設定為-100

調整明亮

明亮代表**顏色的明亮度**，RGB 為 255，CMYK 為 0 時是最明亮的狀態。拖曳明亮滑桿，可以在相同色相、飽和度的狀態下只改變亮度，和調整 Lab 色彩模式的 L 色版一樣。

原始影像

明亮設定為+30

明亮「紅」設定為-60

TIPS 「去除飽和度」命令

執行「影像→調整→去除飽和度」命令（ Shift + Ctrl + [U]），可以去除影像飽和度，變成無色彩的影像。

利用「上色」變成單色調

CHAPTER 8

調整照片色調與明暗

① 勾選「上色」

勾選「上色」之後，會以單色調呈現影像。利用色相、飽和度、明亮滑桿可以調整單色調。

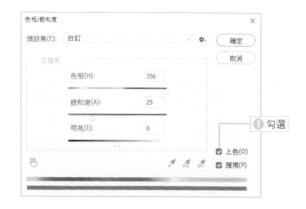

② 統一色彩

整個影像變成單色系的顏色。

② 統一色彩

自然飽和度

執行「影像→調整→自然飽和度」命令，可以適當調整飽和度，讓整個影像維持平衡。

當飽和度接近最大值時，讓剪裁降到最低，可以有效提高低飽和度部分的飽和度。

抑制高飽和度的剪裁程度。

所有顏色套用相同飽和度。

原始影像

調整後　自然飽和度 +80

SECTION
8.8

執行「影像→調整→符合顏色」命令

套用其他影像的色調

使用頻率

「符合顏色」是以其他影像的色調為基礎來調整目前影像色調的實用功能。如果你有一張符合你要求的照片色調，利用這個功能就可以讓調整一次到位。

執行「符合顏色」命令

拍攝照片時，如果有曝光正確與曝光不正確的照片，或夕陽與藍天等相同素材，可以利用「符合顏色」，在其他照片套用原始影像的色調及飽和度。你可以一邊調整原始照片的亮度、色調、強度等，一邊調整色調。

想套用效果的影像　來源影像

(1) 開啟兩張影像

開啟想套用符合顏色的照片以及當作來源的照片，共兩張影像。

(2) 設定詳細內容

選取想套用符合顏色的影像，執行「影像→調整→符合顏色」命令，開啟對話框。

「目標」項目會顯示選取中的影像名稱，在「來源」下拉式選單選取原始影像，按下「確定」鈕。

如果影像包含圖層，請設定圖層。

目標影像的名稱

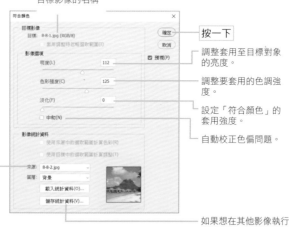

按一下

調整套用至目標對象的亮度。

調整要套用的色調強度。

設定「符合顏色」的套用強度。

自動校正色偏問題。

設定來源影像

POINT

如果影像內有圖層，也可以把圖層設定為套用顏色的來源。

如果想在其他影像執行相同處理，可以儲存設定再載入使用。

(3) 在影像套用顏色

將來源影像的色調套用在照片中。

套用後的影像

214

SECTION 8.9

只改變照片內的特定顏色

使用頻率

⬤ ⬒ ⬒

可以將特定顏色換成別色，雖然效果和「色相／飽和度」一樣，卻能進一步微調。

▌取代顏色

執行「影像→調整→取代顏色」命令，在對話框中，「朦朧」設定的顏色範圍可以更改成特定顏色。

① 開啟影像，執行「取代顏色」命令

開啟要執行取代顏色的影像。

執行「影像→調整→取代顏色」命令，開啟「取代顏色」對話框（不可建立調整圖層）。

原始影像

② 選取取代顏色區域

使用滴管工具 🖋 按一下想取代的顏色部分。

接著利用 🖋 工具增加顏色範圍，或以 🖋 工具減少顏色範圍，藉此調整選取範圍。縮圖中顯示成白色的部分就是選取範圍。

拖曳「取代」的色相、飽和度、明亮滑桿，**設定取代顏色**，透過即時預視可以檢視影像變化。

最後拖曳朦朧滑桿，微調選取範圍。

在影像上按一下，可以從取代顏色範圍中減去。

想取代的顏色

在影像上按一下，可以增加取代顏色的範圍。

在影像上按一下，選取取代顏色的範圍。

選取或增加多個區域時，可以勾選這個項目，建立更精準的遮色片。

提高這個值，可以同時選取與點擊處相近的顏色。

以白色顯示指定色的範圍。

拖曳之後，可以更改選取範圍的顏色。

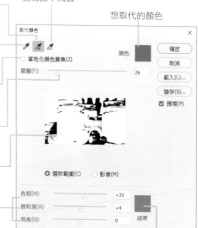

顯示設定的顏色。

③ 取代顏色

選取範圍取代成指定顏色。

SECTION 8.10 以 CMYK 調整特定顏色

使用頻率

「選取顏色」可以在對話框內選取的系統顏色中，增加、刪除 CMYK 的各個油墨顏色。在 RGB 模式下，仍習慣以 CMYK 執行設定的人，可以利用這種方法調整顏色。

執行「選取顏色」命令

① 開啟對話框

執行「影像→調整→**選取顏色**」命令，開啟「選取顏色」對話框。

按下「圖層」面板的 ◉. 鈕，或使用「調整」面板建立調整圖層進行調整。

② 依照油墨顏色進行調整

更改 CMYK 各種油墨顏色的設定值，調整色調。首先，從「顏色」下拉式選單中，選取想更改的系統色。分別拖曳 CMYK 的各色滑桿進行調整。

① 開啟「選取顏色」對話框

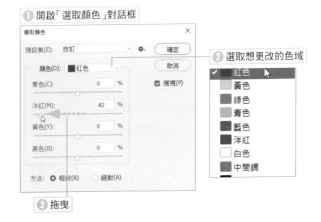

② 選取想更改的色域

③ 拖曳

原始影像

調整後

減少了洋紅系的顏色。

TIPS 相對與絕對

「方法」勾選「相對」時，可以在目前的色調中，加上乘以 CMYK 設定值的量。

若勾選「絕對」，就只會在目前的色調加上設定值。

右邊影像和上面對話框一樣，將洋紅設定為 -82%，勾選「絕對」的結果，變化的程度比相對值更明顯。

勾選「絕對」的色調

只調整特定色版的顏色

色版混合器可以增減 RGB、CMYK 各個色版的值，或建立準確度較高的灰階影像。

使用色版混合器

對「輸出色版」選取的色版套用「來源色版」設定的內容。

(1) **開啟對話框**

執行「影像→調整→**色版混合器**」命令。

原始影像　　　　　　　　藍色版

(2) **調整來源色版**

在「**輸出色版**」選取色版，這個範例選擇「藍」
色版。

在輸出對象為藍色版的狀態下，左右拖曳來源
色版的紅色滑桿，可以固定 R 與 G 色版，只
調整藍色版，增減影像的藍色值。

● POINT

　如果選取的是「藍」色版，來源色版的值為
「+100」，即使調整來源色版，在選取藍色
版的狀態下，不會對紅、綠色版造成影響。

(3) **利用「資訊」面板確認狀態**

在「資訊」面板檢視取樣值，可以發現綠、藍
色版沒有變化。

假如是 CMYK 模式，輸出對象設定為「青」色
版，在來源色版增加黃色，可以固定 MYK 色
版的值，只增減青色版的值，讓影像的黃色產
生變化。

① 開啟對話框

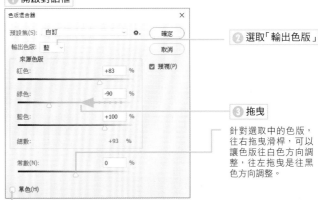

② 選取「輸出色版」

③ 拖曳

針對選取中的色版，
往右拖曳滑桿，可以
讓色版往白色方向調
整，往左拖曳是往黑
色方向調整。

勾選後，在原始色版更改的值只套用在 K 色
版，如果想調整成灰階影像，可以使用這個
方法。

藍色版

更改藍色版的色調，其他色版的值
不變

217

執行「影像→調整→相片濾鏡」命令

套用相機的濾鏡效果

「相片濾鏡」可以產生和加裝在相機鏡頭上的濾鏡一樣的效果。

使用相片濾鏡

① 設定濾鏡

執行「影像→調整→**相片濾鏡**」命令,開啟「相片濾鏡」對話框。

「圖層」面板的調整圖層也可以呈現一樣的效果。

在「使用」的「濾鏡」下拉式選單中,選取你想使用的濾鏡,以「密度」設定強弱。

② 設定自訂顏色

如果選單中沒有你想設定的顏色,請按一下「自訂濾鏡色彩」方塊,使用檢色器選取顏色,一樣可以套用濾鏡。

完成設定後,按下「確定」鈕。

1 開啟對話框

4 按一下

3 拖曳設定強弱

2 選取濾鏡

5 選取選單中沒有的顏色

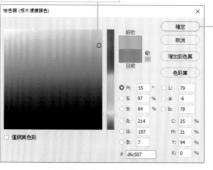

6 按一下

③ 套用相片濾鏡

在影像套用相片濾鏡。

原始影像

濾鏡暖色系(85)
密度25

濾鏡冷色系(80)
密度40

黃色
密度40

深紅色
密度25

SECTION

8.13

使用頻率

單獨調整陰暗或明亮部分

「陰影／亮部」並非純粹在影像加上明暗，而是在只想調整逆光的陰影部分，或光線太強，只想調整過亮部分時，可以發揮不錯的效果。

CHAPTER 8　調整照片色調與明暗

使用陰影／亮部

① 開啟影像

開啟要套用「陰影／亮部」的影像。

執行「影像→調整→**陰影／亮部**」命令。

② 調整陰影

開啟「陰影／亮部」對話框（無法使用調整圖層）。

拖曳「陰影」的「總量」滑桿，調整陰影部分的套用量。

只調亮陰影部分

③ 調整陰影部分

對話框的設定不會影響中間調或亮部，只會調整陰影部分（CMYK 也可以）。

只讓陰影部分變明亮。

POINT

「總量」為 0% 是沒有套用任何值的狀態（預設值為 35%），增加陰影的「總量」，可以讓陰影部分變明亮，增加亮部的總量，能讓亮部變暗。

④ 調暗亮部

陰影設定成 0%，變成和原始影像一樣，增加亮部的百分比，**可以在不影響中間調的狀態下，將亮部調暗**（CMYK 也可以）。

調暗亮部

只有亮部變暗。

POINT

按一下「顯示更多選項」，可以執行更詳細的設定。

「色調」可以分別調整陰影、亮部的色調範圍。

負片效果、均勻分配

反轉影像並平均化

Photoshop 可以反轉影像的階層,讓影像的狀態平均化,負片效果是常用於負片影像、Alpha 色版的手法。

▌負片效果

執行「影像→調整→負片效果」命令（ Ctrl ＋ [I]），可以反轉影像的階層,就像**把正片影像反轉成負片影像**。這個功能也常用來執行反轉 Alpha 色版的處理。

反轉後的曲線狀態為左上 45°線,顏色值是 0 變成 255,255 變成 0。

反轉後的影像

| TIPS | 快速鍵 |

負片效果的快速鍵是 Ctrl ＋ [I],這是很常用的命令,請先記下來。

反轉Alpha色版

▌均勻分配

執行「影像→調整→均勻分配」命令,影像內的**像素亮度會變成均勻分佈**。

套用在對比過強的影像或想提亮陰暗部分的影像,可以獲得不錯的效果。

 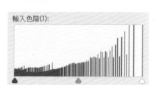

檢視色階分佈圖,可以看到色階分佈圖的各個階層像素數平均分散。

8.15

臨界值、色調分離、黑白

減少影像的顏色數量

在影像設定臨界值，可以轉換成黑白色調，或加上色調分離（以設定的色階數量描繪影像）的效果。

設定臨界值

① 開啟對話框

執行「影像→調整→臨界值」命令，開啟「臨界值」對話框。

原始影像

② 設定黑白層級

顯示影像的色階分佈圖，拖曳下方的臨界值滑桿，設定黑白層級。

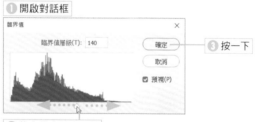

❶ 開啟對話框

❸ 按一下

❷ 拖曳設定黑白層級

③ 變成黑白

變成黑白影像。

◎POINT

請一併參考 51 頁「雙色調」的說明。

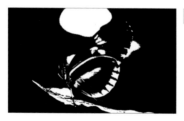

❹ 變成黑白影像

色調分離

色調分離是以**設定的色階數量**呈現影像的手法。

① 開啟影像

開啟要套用色調分離的影像。

原始影像

② 執行色調分離

執行「影像→調整→色調分離」命令，開啟
「色調分離」對話框。

輸入色調分離的色階數量。

③ 以設定的色階繪圖

以設定的色階繪製影像。

▌利用「黑白」命令轉換成褐色調

執行「影像→調整→黑白」命令，不僅可以把**彩色影像轉換成灰階**，還可以加上彩色色調，**轉換成褐色調**。

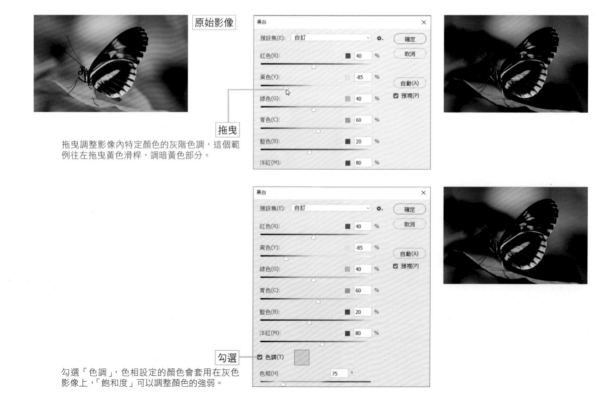

拖曳調整影像內特定顏色的灰階色調，這個範
例往左拖曳黃色滑桿，調暗黃色部分。

勾選「色調」，色相設定的顏色會套用在灰色
影像上，「飽和度」可以調整顏色的強弱。

SECTION

8.16

使用頻率

◉ ◯ ◯

顏色查詢

利用色彩參考表調整影像

「調整」的「顏色查詢」（顏色 LUT）是使用調整影像色調的顏色參考表來調整影像。

利用顏色查詢調整影像

執行「影像→調整→顏色查詢」命令，選取對話框中事先準備的顏色 LUT，可以調整不同色調的影像。

「Look Up Table」是將特定顏色取代成其他顏色的顏色參考表。Photoshop 提供 .look、.CUBE、.3DL 等三種顏色查詢表，只要在對話框內選取，就能用特定色調調整影像。

2 Strip.look　　　3Strip.look　　　Candlelight.CUBE

filmstock_50.3dl　　　NightFromDay.CUBE　　　TensionGreen.3DL

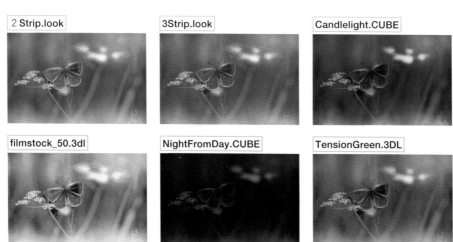

執行「影像→調整→ HDR 色調」命令

合成曝光不一致的影像

Photoshop 可以使用「HDR 色調」調整高動態範圍的 32 位元 HDR 影像。

HDR 影像

高動態範圍（HDR：High Dynamic Range） 影像擁有遠超過人類視覺、相機鏡頭、螢幕可以辨識、呈現的 32 位元動態範圍。能拍攝 HDR 影像的相機會從**曝光不一樣的多張影像中建立 HDR 影像**。在 Photoshop 執行「檔案→自動→合併為 HDR Pro」命令，可以將多張不同曝光的影像合成 HDR 影像，智慧型手機的相機也可以拍攝 HDR 影像。

調整 HDR 影像色調

① 執行「HDR 色調」命令

開啟 HDR 色調影像。

執行「影像→調整→ **HDR 色調**」命令。

② 設定 HDR 色調

開啟「HDR 色調」對話框。

在「預設集」選單中，儲存了調整 HDR 色調的組合，你可以從中選取已經設定完成的色調。請開啟「預視」，一邊檢視調整結果，一邊選取。

「邊緣光量」的「半徑」可以控制邊緣的光量效果，「強度」是控制光量效果的對比。利用「色調和細部」與「進階」的設定項目滑桿或曲線，能進行微調。

城市暮光

更加飽和

原始影像

相片擬真高對比

超現實高對比

學習操作路徑與形狀

Photoshop 和 Illustrator 一樣，都有筆型工具、橢圓、形狀工具，可以分別繪製路徑、形狀、像素。
路徑也可以用來裁切影像，把路徑當作筆刷的筆畫來運用。

筆型工具、矩形工具、橢圓工具、多邊形工具、自訂形狀工具

瞭解路徑及形狀的結構

使用貝茲曲線建立路徑，能精準繪製形狀不固定的選取範圍。商品或人物照片的去背工作也可以利用路徑建立選取範圍來完成。形狀是圖形物件，結構和路徑一樣，之後可以重新編輯。

■ 路徑與形狀的差別？

Photoshop 可以利用路徑或形狀建立線條、矩形、圓形等物件。路徑與形狀有何差別？使用一樣的工具，可以選擇要建立路徑或形狀，兩者的功能與使用目的有以下差異。

路徑
若要建立去背用的精準選取範圍，選擇路徑比較適合。路徑可以當作後續處理的參考線，如筆刷的軌跡線。只有筆畫形狀，沒有填滿部分，描繪出來的路徑會儲存在「路徑」面板。

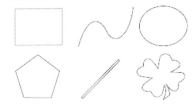

形狀
可以設定填滿與筆畫的顏色，繪製線條、矩形、圓形（和 Illustrator 的物件一樣）。屬於向量格式，即使縮放，也不會影響影像的畫質。繪製的形狀會在「圖層」面板中儲存成形狀圖層。

選取「筆型工具」 ⌀., 或「矩形工具」 ⬜., 先在工具選項列設定路徑或形狀。
路徑與形狀都是使用貝茲曲線的圖形，圖形的結構及編輯方法一樣。

○ **POINT**

路徑與形狀都屬於貝茲曲線的向量資料，即使縮放，畫質也不會變差。

■ 路徑與形狀的結構

路徑與形狀是由稱作**錨點**的控制點，稱作**區段**的線條，以及顯示曲線彎曲度的**方向線**（方向把手）構成。
方向線是輔助線，選取錨點之後才會出現。使用**「直接選取工具」** ▷., 按一下曲線或錨點，方向線就會出現，更改方向線的長度與方向，能調整曲線的形狀。

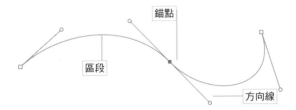

▶ 封閉路徑與開放路徑

路徑與形狀依線條兩端封閉與否，分成封閉路徑（圖形）與開放路徑（線條）。

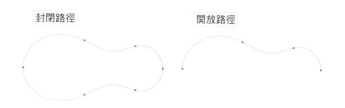

封閉路徑　　　　　開放路徑

▌繪製、選取路徑或形狀的工具

如果要繪製路徑或形狀，可以在工具列選取「筆型工具」 ⬦.、「矩形工具」 ▢.及其子工具中的「橢圓工具」 ○.、「三角形工具」 △.、「多角形工具」 ⬠.、「直線工具」 ／.、「自訂形狀工具」 ⬥.。

使用工具列的「路徑選取工具」 ▶.或「直接選取工具」 ▷.，可以選取、更改路徑或形狀的曲線，設定填滿或筆畫。

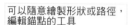

可以隨意繪製形狀或路徑，
編輯錨點的工具

繪製路徑或
形狀的工具

選取路徑的工具

▶ 繪圖時切換路徑與形狀

使用上面的「筆型工具」 ⬦.或「矩形工具」 ▢.繪圖時，請先確認在工具選項列的工具模式選單中要先選取「形狀」或「路徑」再開始繪製。這裡的選單也可以切換路徑或形狀。

從選單中選取工具模式

SECTION

9.2

使用頻率

● ● ●

學習「筆型工具」的用法

只要拖曳就可以輕鬆繪製出矩形或橢圓形,若要裁切照片的路徑或繪製插圖時,可以使用「筆型工具」繪製各種形狀。
以下將使用「筆型工具」繪製各種圖形。

▎使用「筆型工具」繪製以直線封閉的圖形

使用「筆型工具」 ∅. 繪製線條,最後按一下或拖曳起點的錨點。**按一下會以直線連接起點,拖曳則會用曲線連接起點。**

① 繪製直線

使用「筆型工具」 ∅. 按一下起點,再按一下轉角,可以畫出直線。
按住 Shift 鍵不放並按一下,能以 45°為單位繪製直線。

> **POINT**
> 繪圖前,請先依照使用目的,在工具選項列設定「路徑」或「形狀」。

② 按一下起點

繪製直線後,將游標放在起點上,當游標變成 ◦。之後,再按一下,可以繪製出封閉路徑。

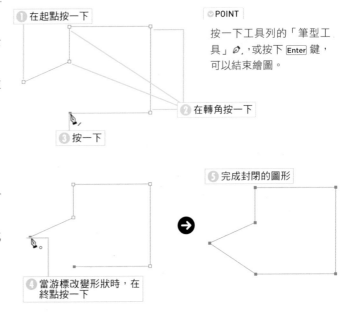

① 在起點按一下

② 在轉角按一下

③ 按一下

> **POINT**
> 按一下工具列的「筆型工具」 ∅.,或按下 Enter 鍵,可以結束繪圖。

④ 當游標改變形狀時,在終點按一下

⑤ 完成封閉的圖形

▎使用「筆型工具」繪製曲線

使用「筆型工具」 ∅. 拖曳,可以調整方向線,繪製曲線。

① 在起點拖曳

使用「筆型工具」 ∅. 拖曳,就會從拖曳點開始,產生代表區段方向與曲線強弱的**方向線**。
請注意方向線為輔助線,並非實際的線條。

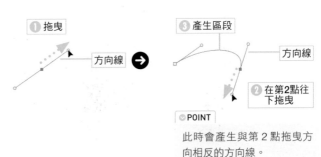

① 拖曳

方向線

③ 產生區段

方向線

② 在第2點往下拖曳

> **POINT**
> 此時會產生與第 2 點拖曳方向相反的方向線。

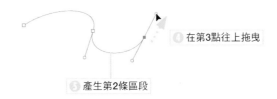

② 下一點也要拖曳

下一個錨點也同樣往曲線方向拖曳。

結束時，按一下工具列的「筆型工具」 🖊，或按一下 Enter 鍵。

④ 在第3點往上拖曳

⑤ 產生第2條區段

POINT

路徑的曲線是由兩端的方向線決定，曲線會朝著方向線延伸，方向線愈長，曲度的張力愈大。

TIPS　**顯示線段**

按一下工具列的 ⚙，勾選「顯示線段」，在「筆型工具」 🖊 繪圖的過程中，會隨著游標移動顯示線條。

▋由曲線繪製直線

先繪製曲線，接著按下 Alt +按一下要變成直線的錨點，並在直線的終點按一下。結束之後，按下工具列的「筆型工具」圖示 🖊，或按下 Enter 鍵。

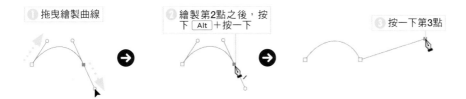

① 拖曳繪製曲線

② 繪製第2點之後，按下 Alt +按一下

③ 按一下第3點

▋由直線繪製曲線

先繪製直線，接著連接曲線。把直線的端點當作曲線的起點拖曳，拖曳曲線的終點，建立下一個錨點。

① 按一下第2點

② 從第2點往上拖曳

③ 在第3點往右下拖曳

使用「曲線筆工具」繪製路徑或形狀

「曲線筆工具」 🖋. 可以邊按一下邊繪製曲線。

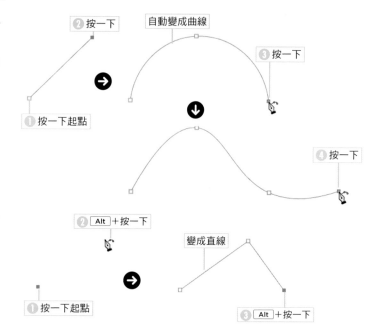

---

① 繪製曲線

在曲線通過的地方按一下，繪製曲線，按一下的地方會變成錨點。

結束時，按一下工具列的「曲線筆工具」🖋.，或按一下 Esc 鍵。

② 繪製直線

按下 Alt ＋按一下，可以用直線連接錨點，若直接按一下會變成曲線。

使用「創意筆工具」繪製路徑或形狀

「創意筆工具」 🖋. 和「筆刷工具」一樣，可以利用滑鼠的移動軌跡繪製路徑或形狀。

① 取消勾選「磁性」

選取「創意筆工具」🖋.。
確認沒有勾選工具選項列的「磁性」。

調整錨點的數量（0.5 ～ 10）。

設定自動描繪影像邊緣的對比頻率。

設定固定點的頻率。

② 拖曳路徑或形狀

在要建立路徑的位置拖曳，放開滑鼠後，軌跡會變成路徑。

使用「創意筆工具」🖋. 繪製路徑或形狀時，按住 Ctrl 鍵不放並放開滑鼠左鍵，會形成連接起點與終點的封閉路徑。

如果是邊緣清楚的影像，先勾選磁性選項再拖曳，比較容易建立路徑。

SECTION 9.3 編輯繪製的路徑或形狀

使用頻率

使用「筆型工具」建立的路徑或形狀，可以利用「路徑選取工具」 ▶、「直接選取工具」 ▷ 更改形狀，或進行縮放、旋轉。

使用「路徑選取工具」移動、變形路徑或形狀

在「路徑」面板選取路徑，或在「圖層」面板選取形狀。

使用「路徑選取工具」 ▶，可以拖曳移動選取的路徑或形狀，還能一次拖曳選取多個路徑或形狀。

▶ 變形路徑

使用「路徑選取工具」 ▶ 選取的路徑或形狀可以進行變形。

---

① **執行「任意變形路徑」命令**

使用「**路徑選取工具**」 ▶ 按一下選取路徑。

執行「**編輯→任意變形路徑**」命令（ Ctrl + [T]）。

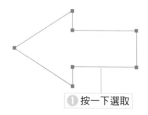

① 按一下選取

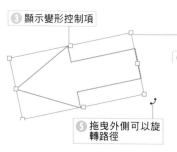

② 選取

○ **POINT**

在「路徑」面板中，可以單獨選取、顯示路徑物件。按下 Ctrl + 按一下，能在「路徑」面板選取多個路徑。

○ **POINT**

對選取的路徑執行「編輯→變形路徑」命令，還能套用「傾斜」、「透視」等各種變形效果。

---

② **執行變形、旋轉**

拖曳**變形控制項**的控制點，或在變形中的工具選項列設定數值，就能執行變形。

拖曳四邊控制點略微外側的地方，可以旋轉路徑。

③ 顯示變形控制項

④ 拖曳控制點可以變形路徑

○ **POINT**

預設狀態設定為固定長寬比，按下 Shift + 拖曳，可以忽略長寬比。

⑤ 拖曳外側可以旋轉路徑

---

③ **確定變形**

變形之後，按下工具選項列的「確定」鈕 ✓。

變形時，工具選項列的顯示也會改變

⑥ 按一下確定變形

變形即時形狀

使用「矩形工具」□,、「橢圓工具」◯,、「三角形工具」△,、「多邊形工具」◯,、「直線工具」╱,、「自訂形狀工具」 ✿. 繪製的路徑或形狀,以「路徑選取工具」 ▶. 選取時,會顯示變形用的控制項,拖曳變形控制可以變形、旋轉路徑或形狀,操作方法和「任意變形路徑」一樣。

另外,邊角內側會顯示圓角控制項,拖曳可以讓邊角變圓角。

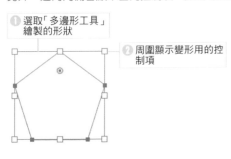

① 選取「多邊形工具」繪製的形狀

② 周圍顯示變形用的控制項

③ 拖曳可以變形

④ 拖曳外側可以旋轉

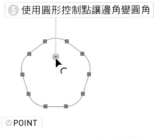

⑤ 使用圓形控制點讓邊角變圓角

◉ POINT

按住 Alt 鍵不放並拖曳控制點,可以讓單邊變成圓角。

▶「內容」面板的設定

使用「路徑選取工具」 ▶. 選取即時形狀的路徑或形狀時,「內容」面板會顯示形狀大小、角度、圓角尺寸等項目,設定數值就可以調整。

> **TIPS** 即時形狀與一般路徑
>
> 使用「直接選取工具」 ▶. 選取具有即時形狀屬性的路徑或形狀,執行變形時,會喪失即時形狀的屬性,變成一般路徑或形狀。這樣就和「筆型工具」繪製的路徑、形狀一樣,無法使用「內容」面板的設定以及選取後變形、圓角控制項等功能。
>
> Adobe Photoshop
>
> ⓘ 此操作會將即時形狀轉換為一般路徑。是否繼續?
>
> 是(Y)　　否(N)
>
> ☐ 不再顯示

調整路徑的曲度

使用「直接選取工具」 ▶.直接拖曳路徑的區段,或拖曳方向線調整路徑或形狀的曲線部分。

▶ 拖曳調整區段的方法

使用「直接選取工具」 ▶. 按一下區段後拖曳,可以調整路徑的曲度,相鄰的區段曲度也會同步調整。

▶ 使用方向線（把手）調整區段的方法

使用「直接選取工具」 ▷ ，選取要調整的區段，**拖曳**調整方向線前端的**方向點（把手）**。

CHAPTER 9 學習操作路徑與形狀

> TIPS　**讓方向線不同步移動的方法**
>
> 移動其中一個方向點，另一邊的方向點也會跟著移動。
>
> 拖曳方向點時，按住 Alt 鍵（Mac 為 option 鍵）不放並拖曳，可以在不影響相反側方向點的狀態下，調整方向線。使用「轉換錨點工具」拖曳，也能執行相同操作。
>
>

新增、刪除錨點

使用「**增加錨點工具**」 ⌀ ，按一下區段可以增加錨點，還能移動新產生的錨點，編輯附加的方向線。若新錨點的兩邊為轉折處，該錨點會變成轉折點，其餘錨點則變成平滑點。

使用「**刪除錨點工具**」 ⌀ ，按一下可以刪除錨點。

◇POINT

在路徑上移動「筆型工具」時，會切換成「增加錨點工具」 ⌀ ，移動到錨點上方，則會切換成「刪除錨點工具」 ⌀ 。

移動錨點的位置

使用「直接選取工具」 ▷ ，選取路徑，可以顯示目前的錨點，拖曳錨點，能改變路徑的形狀。

還可以選取、移動多個錨點。

█ 轉換錨點

▶ 平滑點與轉折點

使用「直接選取工具」 ↳ , 選取錨點時, 兩側延伸出直線方
向線的錨點稱作**平滑點**。
其餘錨點稱作**轉折點**。

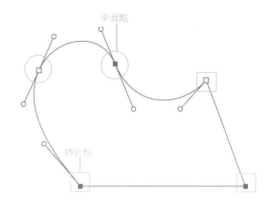

▶ 平滑點轉換成轉折點

使用「**轉換錨點工具**」 ↖ , 按一下平滑點。

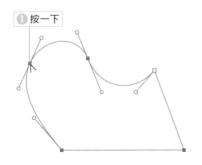

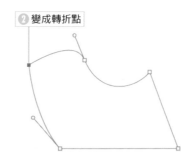

▶ 轉折點轉換成平滑點

使用「**轉換錨點工具**」 ↖ , 拖曳轉折點, 會延伸出方向線, 變成
平滑點。

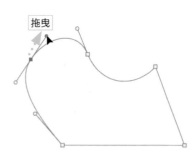

形狀、工具選項列、內容面板

設定形狀的填滿與筆畫

Photoshop 可以在工具選項列或「內容」面板設定形狀的筆畫（輪廓線）顏色、粗細、圖樣。

① 選取筆畫的種類

在 Photoshop 建立形狀，會開啟「**內容**」面板，這裡可以設定筆畫的尺寸、類型、線種、顏色、圓角形狀等，在工具選項列也能執行相同設定。

TIPS 其他選項

在筆畫選項的選單中，按一下「**其他選項**」，開啟對話框，可以設定筆畫路徑的繪製方法、線端形狀、轉角、虛線。

② 設定形狀的屬性

在工具選項列、「內容」面板中，可以設定筆畫的種類，以及筆畫寬度、形狀大小、圓角半徑。

◇POINT

多邊形可以在「內容」面板的外觀設定邊角數量及星形比例。

❶ 建立矩形

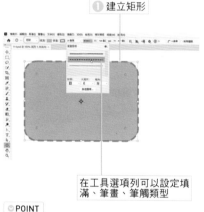

在工具選項列可以設定填滿、筆畫、筆觸類型

◇POINT

使用圖形工具繪製形狀後，會開啟「內容」面板，可以設定形狀的屬性。以「筆型工具」、「創意筆工具」、「曲線筆工具」繪製的形狀無法在「內容」面板中設定屬性，只能在工具選項列中進行設定。

❷ 設定筆畫尺寸與種類

形狀圖層

工具選項列

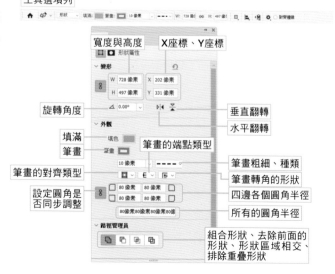

235

建立路徑選取範圍與填滿路徑

想將物體精準去背時，一定會用到把路徑轉換成選取範圍，以及將路徑內部填滿的功能。

使用路徑建立選取範圍

① 執行「製作選取範圍」命令

在「路徑」面板按一下路徑（工作路徑），顯示控制點，接著在面板選單執行「**製作選取範圍**」命令。

POINT

按一下「路徑」面板的 ○ ，或按下 Ctrl ＋按一下路徑縮圖，可以將路徑轉換成選取範圍（套用在「製作選取範圍」對話框中最後設定的數值）。

② 設定、建立選取範圍

開啟「製作選取範圍」對話框。
執行選取範圍的設定，按下「確定」鈕，就能將路徑新增成選取範圍。

填滿繪製的路徑範圍

① 執行「填滿路徑」命令

在選取路徑狀態，於「路徑」面板選單執行「**填滿路徑**」命令。
按下「路徑」面板的 ● 鈕，不會開啟對話框，會直接以前景色填滿路徑。

② 設定填滿

開啟「填滿路徑」對話框，執行填滿設定。
完成設定後，按下「確定」鈕。
在「內容」選單選取填滿內容，可以選取步驟記錄或圖樣。

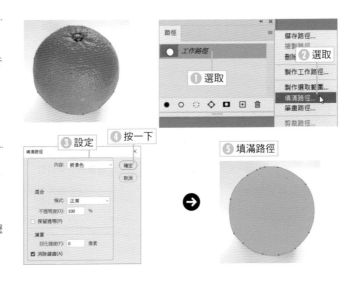

使用筆刷繪製路徑

使用指定的繪圖工具，可以沿著路徑邊緣繪製圖形。

① 執行「筆畫路徑」命令

建立路徑，在「路徑」面板中選取該路徑，執行「**筆畫路徑**」命令，或按一下「**使用筆刷繪製路徑**」鈕 ○。

此時，會在筆刷套用「筆畫路徑」對話框中，最後設定的數值。

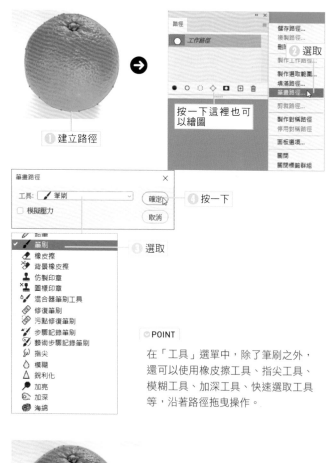

①建立路徑

按一下這裡也可以繪圖

② 選取工具

開啟「筆畫路徑」對話框，在「工具」選取「筆刷」，按下「確定」鈕。

④ 按一下

③ 選取

> **TIPS**　**筆畫路徑的筆刷設定**
>
> 在「筆畫路徑」對話框中，選取繪製路徑的工具。
>
> 這裡選取的筆刷會套用最後使用工具的筆畫寬度或選項設定，請先設定好使用工具的筆刷寬度或在選項列完成設定。

工具清單：
- 鉛筆
- ✓ 筆刷
- 橡皮擦
- 背景橡皮擦
- 仿製印章
- 圖樣印章
- 混合器筆刷工具
- 修復筆刷
- 污點修復筆刷
- 步驟記錄筆刷
- 藝術步驟記錄筆刷
- 指尖
- 模糊
- 銳利化
- 加亮
- 加深
- 海綿

> **◎POINT**
>
> 在「工具」選單中，除了筆刷之外，還可以使用橡皮擦工具、指尖工具、模糊工具、加深工具、快速選取工具等，沿著路徑拖曳操作。

③ 繪製路徑

使用選取的工具繪製路徑。

> **◎POINT**
>
> 使用「路徑選取工具」▶. 選取路徑，只會繪製該路徑的邊緣。如果沒有選取路徑，就會繪製在「路徑」面板中，選取路徑的所有路徑物件邊界。

⑤沿著路徑繪製邊界

向量圖遮色片、剪裁路徑

使用路徑建立遮色片

圖層遮色片是以點陣圖的色階建立遮色片，而向量圖遮色片是繪製該部分的路徑來建立遮色片。因為向量圖遮色片是路徑，可以利用路徑操作重新編輯，不會影響解析度。剪裁路徑的路徑外側為透明，雖然在 Photoshop 的外觀不變，但是置入 DTP 軟體時，該部分會被去除。

建立向量圖遮色片

① 繪製路徑，按一下「遮色片」

使用「筆型工具」或「自訂形狀工具」等**繪製路徑**，可以將影像去背。先在「路徑」面板選取路徑。

按一下工具選項列的「**遮色片**」鈕，或按住 Ctrl 鍵不放並按一下「圖層」面板的 ▢ 鈕。

② 按一下

② 背景變透明

建立向量圖遮色片，路徑外側會變透明。

圖層的影像縮圖右邊會建立向量圖遮色片縮圖。

按一下向量圖遮色片縮圖開啟「內容」面板，可以設定密度（路徑外側的不透明度）、羽化。

POINT

也可以執行「圖層→向量圖遮色片→全部顯現或全部隱藏」命令，建立遮色片縮圖，之後再繪製路徑。

① 繪製路徑

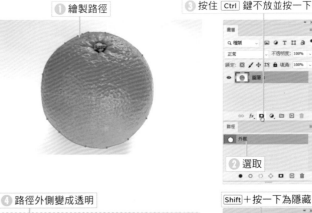

③ 按住 Ctrl 鍵不放按一下

② 選取

④ 路徑外側變成透明

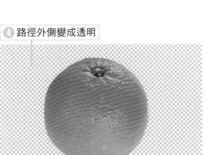

Shift + 按一下為隱藏

向量遮色片縮圖

如果想切換顯示或隱藏遮色片，可以選取路徑，在工具選項列的「路徑操作」鈕，選取「去除前面形狀」。

TIPS 剪裁路徑

在「路徑」面板選取路徑，執行面板選單的「**剪裁路徑**」命令，開啟「剪裁路徑」對話框，從清單中選取要設定成剪裁路徑的路徑，並設定平面化。

如果是「工作路徑」，請先儲存路徑再操作。

在其他應用程式載入建立剪裁路徑的影像時，例如 Illustrator 或 InDesign，可以直接使用 PSD 檔。若要載入其他應用程式，請儲存成 EPS 格式。

讓 Photoshop 的路徑與 Illustrator 連結

Photoshop 的路徑與 Illustrator 的相容性極高，可以直接將路徑拷貝＆貼上至 Illustrator。此外，在 Illustrator 建立的物件，也能當成路徑或形狀拷貝＆貼上至 Photoshop。

將路徑或形狀貼至 Illustrator

Photoshop 繪製的影像路徑或形狀可以貼至 Illustrator。
例如，在 Photoshop 利用「創意筆工具」 ⌁. 的「磁性」選項，就能快速繪製影像輪廓，可以比 Illustrator 更輕鬆地建立路徑。

① 選取拷貝路徑或形狀

使用「路徑選取工具」 ▶. 選取路徑或形狀，執行「編輯→拷貝」命令。或在「路徑」面板中選取路徑。

❶使用Photoshop的「路徑選取工具」選取路徑

② 貼至 Illustrator

開啟 Illustrator 的文件視窗，執行「編輯→貼上」命令。
開啟「**貼上選項**」對話框，選取貼上的格式。
這裡選擇可以編輯的「**複合形狀**」。

拷貝的路徑在 Illustrator 變成複合形狀。

變成一般的 Illustrator 路徑。

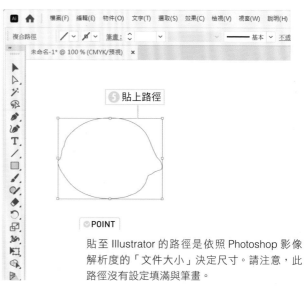

❺貼上路徑

◉ POINT

貼至 Illustrator 的路徑是依照 Photoshop 影像解析度的「文件大小」決定尺寸。請注意，此路徑沒有設定填滿與筆畫。

路徑到 Illustrator

執行「檔案→轉存→**路徑到 Illustrator**」命令,可以記錄 Photoshop 的路徑影像大小,儲存成 Illustrator 文件。

① 轉存路徑

執行「檔案→轉存→路徑到 Illustrator」命令。
開啟「轉存路徑到檔案」對話框,選取要轉存的路徑,按下「確定」鈕。另外,在對話框中可以設定儲存位置與檔案名稱。

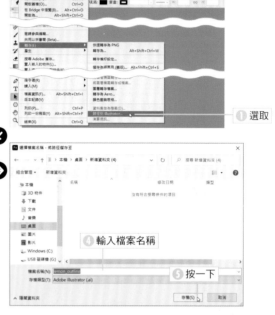

❶ 選取

❷ 選取路徑   ❸ 按一下

❹ 輸入檔案名稱

❺ 按一下

② 使用 Illustrator 開啟檔案

在 Illustrator 開啟轉存的 Photoshop 路徑檔案時,會顯示「轉存為工作區域」對話框。
選取「裁切區域」,按下「確定」鈕。
就會開啟和 Photoshop 影像大小一致的工作區域。

以最後建立的工作區域大小建立工作區域。

建立和 Photoshop 影像相同大小的工作區域。

建立和 Photoshop 的路徑邊框一樣大小的工作區域。

❻ 按一下

TIPS 在 Illustrator 開啟的路徑

在 Illustrator 開啟的路徑沒有設定「填滿」與「筆畫」,所以看不見,但是選取裁切區域時,就可以看到路徑。

❼ 使用Illustrator開啟轉存的路徑

把 Illustrator 的物件當作路徑拷貝至 Photoshop

Illustrator 的物件除了可以當作路徑之外，也能當作形狀、智慧型物件、像素貼至 Photoshop。

① 拷貝物件

選取在 Illustrator 製作的物件，執行「編輯→拷貝」命令。

① 在Illustrator選取物件

② 選取

保留 Illustrator 內的圖層資料，貼至 Photoshop。

② 貼上為「路徑」

在 Photoshop 的文件中，貼上在 Illustrator 拷貝的物件。

在 Photoshop 文件執行「編輯→貼上」命令。開啟「貼上」對話框，在「貼上為」選取「路徑」，按下「確定」鈕。

③ 按一下

④ 選取

在新形狀圖層貼上形狀。

路徑會當作智慧型物件或像素貼至新的圖層中。

> ⊘ POINT
>
> 選取「圖層」時，能以維持圖層及圖層樣式資料的狀態貼上物件。

③ 貼至 Photoshop

在 Photoshop 把 Illustrator 拷貝的物件**貼上為路徑**。

> ⊘ POINT
>
> 在 Illustrator 貼上的路徑大小與 Photoshop 的「影像尺寸」一致。

> TIPS　貼上為圖層
>
> 在「貼上為」選取「圖層」，Illustrator 的物件會貼上為 Photoshop 的形狀圖層，但是部分物件會轉換成像素圖層，如漸層等。

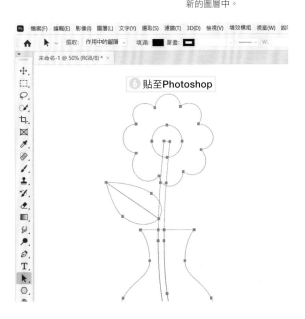

⑥ 貼至Photoshop

合併形狀、對齊、前移、後移

SECTION **9.9**

使用頻率

路徑管理員、對齊、前後關係

在同一圖層上繪製的形狀可以在路徑管理員設定組合形狀、對齊、前後關係。

在路徑管理員控制圖形的重疊部分

繪製形狀時，在工具選項列的「路徑操作」選取「**組合形狀**」、「**去除前面形狀**」、「**形狀區域相交**」、「**排除重疊形狀**」，可以和「圖層」面板選取的形狀圖層一樣，套用圖層效果並繪圖（請取消形狀的選取狀態）。

組合形狀 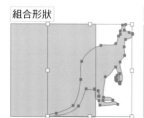　形狀區域相交 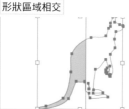　去除前面形狀 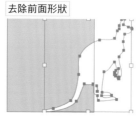　排除重疊形狀

對齊形狀

工具選項列的路徑對齊鈕可以套用在相同圖層內的形狀，多個圖層的形狀對齊方法請參考 130 頁的說明。

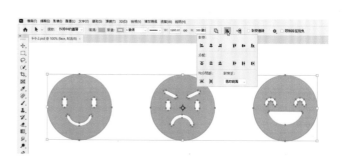

設定形狀的前後關係

在相同圖層內選取多個形狀，愈後面繪製的形狀，順序愈上面。

如果要調整前後關係，可以在「圖層」面板中，往上或往下拖曳形狀，或利用選項列的「**路徑安排**」進行設定。

路徑安排

242

10

套用濾鏡

Photoshop 提供了各種主題的濾鏡，包括模糊影像、銳利化、藝術風格、馬賽克處理…等。

濾鏡收藏館可以重疊、處理各種濾鏡。

Neural Filters 擅長利用 AI 調整影像，例如美肌、調整風景、季節變化等。

「濾鏡」選單、濾鏡收藏館

使用濾鏡

Photoshop 提供了許多濾鏡，包括模糊和銳利化圖像的濾鏡，以及變形、紋理、馬賽克…等效果。以下將使用「彩繪玻璃」濾鏡來介紹濾鏡功能。

套用濾鏡

濾鏡全都收藏在**「濾鏡」選單**內，依照群組分類放在子選單內。
其中包括在**濾鏡收藏館**對話框設定的濾鏡以及在一般對話框設定的濾鏡。
我們可以利用子選單，或在濾鏡收藏館選取濾鏡名稱，於對話框內設定要套用的濾鏡。部分濾鏡不會顯示對話框，可以直接執行，如「模糊」、「更模糊」、「雲狀效果」。

> **TIPS 沒有顯示濾鏡**
>
> Photoshop 在預設狀態下，「濾鏡」選單中不會顯示所有濾鏡，請執行「編輯→偏好設定→增效模組」命令，勾選「**顯示全部濾鏡收藏館群組和名稱**」。

① 執行「彩繪玻璃」命令

以下將執行「紋理」的「彩繪玻璃」濾鏡。
開啟檔案，執行「濾鏡→紋理→彩繪玻璃」命令（預設狀態不會顯示，請參考右上方的 TIPS，顯示此濾鏡）。

原始影像

② 設定濾鏡

開啟「彩繪玻璃」對話框，拖曳滑桿，一邊檢視數值效果，一邊調整設定。
在預視內拖曳影像，可以改變預視位置，按下 □ ⊞ 鈕，可以調整預視比例。

> **●POINT**
>
> 部分濾鏡是在右側的濾鏡收藏館對話框中執行設定，部分濾鏡則是在獨立的對話框執行設定。

拖曳移動預視位置　　　選取　　　❷ 按一下

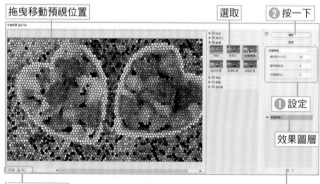

❶ 設定

效果圖層

設定預視比例

按一下可以建立新的效果圖層，重疊多種濾鏡。

③ **套用濾鏡**

按下「確定」鈕，套用濾鏡。

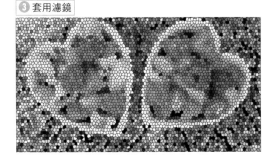

❸ 套用濾鏡

▶ **連續執行相同設定的濾鏡**

套用濾鏡之後，「濾鏡」選單的最上方會顯示上次執行的濾鏡名稱（ Ctrl ＋ Alt ＋ [F] ）。開啟不同影像視窗，按下 Ctrl ＋ Alt ＋ [F] 鍵，可以套用和上次濾鏡相同的設定值。

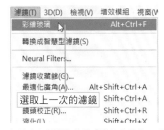

選取上一次的濾鏡

如果上次是選取的是「濾鏡收藏館」，選單內會顯示成「濾鏡收藏館」。

濾鏡收藏館

濾鏡收藏館可以預視濾鏡效果，並**重疊套用多個特效圖層**，但是並非所有濾鏡都可以在濾鏡收藏館內使用。

隱藏濾鏡圖示的區域

顯示或隱藏特效圖層

預視比例　　　　預視　　　　顯示或隱藏濾鏡類別　　　新增效果圖層　　　刪除效果圖層

套用智慧型濾鏡

如果在 Photoshop 的智慧型物件套用濾鏡，可以在「圖層」面板管理濾鏡效果，也能切換顯示或隱藏濾鏡效果，還可以重新更改濾鏡效果的套用量。

▌轉換成智慧型濾鏡

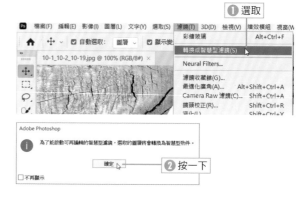

① 轉換成智慧型濾鏡

開啟影像，執行「濾鏡→**轉換成智慧型濾鏡**」命令。

② 按下「確定」鈕

開啟提醒對話框，請按下「確定」鈕。

③ 轉換為智慧型物件

影像**轉換成智慧型物件**。

在「圖層」面板可以確認轉換後的圖層顯示成智慧型物件的預視狀態。

代表智慧型物件的圖示

④ 套用濾鏡

執行「濾鏡→像素→點狀化」命令。

檢視「圖層」面板，可以確認已經**套用智慧型濾鏡**。

④ 套用濾鏡

TIPS　套用多個濾鏡

在智慧型物件套用不同濾鏡後，可以在「圖層」面板檢視套用順序。在「圖層」面板中，上下拖曳濾鏡名稱，能改變套用濾鏡的順序。

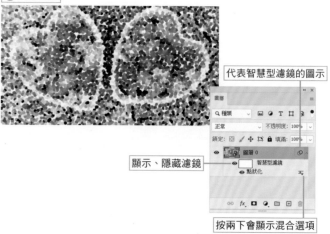

代表智慧型濾鏡的圖示

顯示、隱藏濾鏡

按兩下會顯示混合選項

調整智慧型濾鏡的效果

只要在「圖層」面板的智慧型濾鏡名稱按兩下，就可以重新調整智慧型濾鏡的設定值，非常方便。

遮色片縮圖

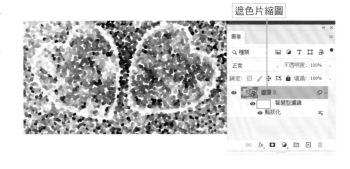

① 在濾鏡名稱按兩下

在「圖層」面板中的智慧型濾鏡名稱按兩下（這裡是指「點狀化」）。

② 調整濾鏡的設定值

開啟套用濾鏡設定值的對話框，更改套用效果的強弱。

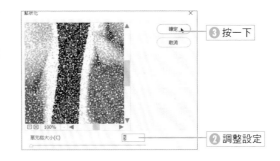

③ 按一下

② 調整設定

③ 更改濾鏡效果

改變濾鏡效果的套用程度。

◆POINT

按一下「圖層」面板中的**濾鏡遮色片縮圖**，可以設定深淺，白色部分是 100% 的濾鏡效果，黑色部分是 0% 的濾鏡效果（請參考 133 頁）。

④ 更改了濾鏡效果

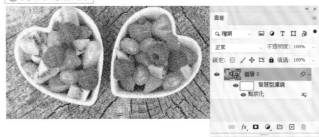

TIPS　濾鏡的混合選項

在「圖層」面板的濾鏡混合選項圖示 ≡ 按兩下，可以在對話框中的「模式」，以混合模式及不透明度控制濾鏡效果。

透過 Neural Filters 探索全新的 Photoshop 世界！

Neural Filters 是透過人工智慧分析影像，只要簡單的操作就能編修影像或套用效果，可應用於人臉、質感、風景、模糊等。下載新的 Neural Filters 即可使用。

「Neural Filters」工作區域

執行「濾鏡→ Neural Filters」命令，開啟「Neural Filters」工作區域，左邊為預視照片，中間為開啟或關閉 Neural Filters，最右邊是選取中的濾鏡設定畫面。

增加至選取範圍

可以使用的濾鏡

未來預定發布的濾鏡

重設參數

開啟、關閉濾鏡

下載即可使用

從選取範圍減去

手形工具

縮放顯示工具

測試中的濾鏡

設定效果

切換套用前後的
預視狀態

圖層預覽

濾鏡的輸出目的地

顯示所有圖層 ✓

顯示選定圖層

目前圖層

新圖層　✓

新圖層遮色片

智慧型濾鏡

新增文件

選擇「新圖層」，可以輸出在新圖層套用效果的影像。「新圖層遮色片」是建立含有圖層遮色片的圖層。「智慧型濾鏡」是建立智慧型物件，輸出可編輯的智慧型濾鏡圖層。

TIPS　套用選取範圍

先建立選取範圍，再套用 Neural Filters 時，可以利用工具列的「增加至選取範圍」、「從選取範圍減去」，在工作區域內增加、刪除選取範圍。選項類工具的工具選項列可以使用顯示遮色片覆蓋、負片效果、清除、選取主體、選取天空等選項。

主要的 Neural Filters

Neural Filters 包括 bata 版、等待清單等測試、開發中的濾鏡,這些濾鏡會依照使用者的反應持續開發。以下將介紹幾個主要的濾鏡。

▶ 皮膚平滑化

可以分析肌膚的紋理結構,使用「模糊」、「平滑度」滑桿淡化或去除紋路。

▶ 協調

根據貼上圖層與背景圖層的色調,調整成自然的照片。

選取參考影像

▶ 風景混合器

調整風景照片的季節、時間、日照,完成下雪或日落等景色。

▶ 深度模糊

在影像設定照片的焦點距離、焦點範圍,可以模糊部分影像。

執行「濾鏡→液化」命令

利用液化濾鏡變形影像

Photoshop 具有沿著筆刷變形影像的功能，決定筆刷大小之後，在影像上拖曳，就可以變形影像或讓影像變成漩渦狀。

「液化」對話框

執行「濾鏡→液化」命令（ Shift + Ctrl + [X]），對選取的圖層影像使用各種變形工具，即可變形影像，智慧型物件也能套用這個濾鏡。

---

① 執行「液化」命令

執行「濾鏡→液化」命令。

---

② 設定「液化」

在「液化」對話框中，選取左側工具列中的「向前彎曲工具」、「重建工具」、「平滑工具」、「順時針扭轉工具」、「縮攏工具」、「膨脹工具」、「左推工具」等特殊工具

利用右側的**筆刷工具選項**設定尺寸，在預視影像上拖曳，套用變形效果。

> ◉ POINT
>
> 建立選取範圍，再執行「液化」命令，可以在「遮色片選項」增加或刪除遮色片。

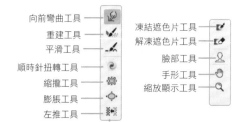

向前彎曲工具
重建工具
平滑工具
順時針扭轉工具
縮攏工具
膨脹工具
左推工具

凍結遮色片工具
解凍遮色片工具
臉部工具
手形工具
縮放顯示工具

③ 設定筆刷

② 選取工具

④ 拖曳套用液化效果

TIPS
還原液化（重建）

使用「重建工具」 ✔ ，在套用液化的區域拖曳，可以重設影像，恢復成原始狀態。按一下「筆刷重建選項」的**重建**鈕，開啟「回復重建」對話框，可以維持遮色片區域，依照設定的總量讓遮色片以外的區域恢復成原始影像。

按下「全部復原」鈕，所有液化處理都會恢復原狀。

回復重建

總量　　　　　56　　　　確定　　取消

按一下「重建」鈕，可以在對話框中，調整執行的液化總量。

▶ 向前彎曲工具

拖曳時將像素往前推。

▶ 重建工具

在套用的液化效果上拖曳，可以恢復原狀。

▶ 順時針扭轉工具

拖曳滑鼠或持續按住滑鼠左鍵，可以向右轉動像素。如果要向左轉，請按住 Alt 鍵不放再執行操作。

▶ 膨脹工具

拖曳滑鼠或持續按住滑鼠左鍵，可以從筆刷區域的中心開始往外移動像素。

▶ 縮攏工具

拖曳滑鼠或持續按住滑鼠左鍵不放，可以朝著筆刷區域的中心移動像素。

▶ 左推工具

依拖曳方向垂直移動像素。拖曳時，往游標行進方向的左側移動像素。按下 Alt ＋拖曳可以向右移動像素。

■ 建立遮色片再套用液化效果

使用「**凍結遮色片工具**」 ，在預視影像上建立遮色片，就不會在該區域套用液化效果。

如果要取消遮色片區域，可以使用「**解凍遮色片工具**」 拖曳，或按下遮色片選項的「無」。

遮色片選項可以將透明部分、圖層遮色片、Alpha 色版載入為遮色片範圍，還能反轉、增加、刪除遮色片範圍。

使用遮色片工具遮住的區域

TIPS　檢視選項

「檢視選項」可以設定是否顯示遮色片區域、影像、網紋，還能更改網紋大小、顏色、遮色片顏色。

「顯示背景」可以設定是否顯示套用圖層以外的圖層影像預視，還能控制不透明度。

臉部感知液化

調整臉部

執行「濾鏡→液化」命令，利用「臉部感知液化」選項，可以調整眼睛、鼻子、嘴唇、臉部五官的寬度與高度，也可以當作智慧型濾鏡套用效果。

調整臉部

按一下「液化」對話框的「**臉部工具**」👤，**辨識臉孔**之後，臉部周圍會顯示白色輪廓線。「臉部感知液化」可以自動辨識臉部輪廓，請調整右側的「眼睛」（左右可以個別設定）、「鼻子」、「嘴巴」、「臉部形狀」等設定項目，檢視照片變化，調整成你喜愛的臉孔。

❶ 調整眼睛、鼻子、嘴巴、臉部形狀

❶ 按一下

❷ 辨識

套用前

◆POINT

Neural Filters 的「智慧型肖像」能在不同的設定下改變臉部表情，例如微笑、臉部年齡、頭髮厚度、表情…等。

TIPS 用控制線拖曳調整

將游標移動到臉部五官上會顯示白色控制線，拖曳控制線可以調整五官及輪廓。

SECTION

10.6

使用頻率

◉ ○ ○

執行「濾鏡→消失點」命令

合成帶有透視感的影像

「濾鏡」選單中的「消失點」功能在合成影像時，可以維持影像的透視感。此外，把影像當作紋理貼在製作的平面時，也能產生透視感。

▌拷貝具有透視感的平面

① 執行「消失點」命令

執行「濾鏡→**消失點**」命令（ Ctrl ＋ Alt ＋ [V] ），開啟「消失點」對話框。

先使用「**建立平面工具**」▦ 在四邊按一下，建立有透視感的平面。Photoshop 若判斷為正確的透視面，就會顯示成藍色網格狀。

> **TIPS** 出現紅、黃線條時
>
> 製作平面時如果出現紅線或黃線，代表無法產生消失點濾鏡效果，請將線條或錨點放在具有透視感的位置，才會顯示藍色網格。

> **◎POINT**
>
> 如果想從一個平面建立連續的垂直面，請使用「選取畫面工具」，按住 Ctrl 不放並拖曳邊角錨點。

② 建立選取範圍

使用「選取畫面工具」▫ 在平面內部拖曳，即可沿著平面的遠近建立選取範圍。

> **TIPS** 建立圖層
>
> 開始操作之前，先建立新圖層再執行消失點，可以將結果儲存在該圖層中。

① 選取
② 按一下
③ 按一下
④ 按一下
⑤ 按一下

⑥ 選取
⑦ 建立選取範圍

配對影像與透視面

拷貝當作紋理的影像，貼至消失點的透視面，即可按照透視面**配對貼上的紋理**。

① 拷貝＆貼上影像

先拷貝要貼在消失點面內的影像。

在消失點畫面中貼上拷貝的內容，利用 Ctrl ＋ [T] 鍵顯示變形控制項，拖曳調整大小與角度等，讓影像符合透視面。

① 拷貝影像

② 貼上

② 將影像拖曳至透視面

在事先建立的透視面拖曳配對。

拖曳影像，決定適合的位置。

假如影像的長度不足時，請貼上數次，並調整位置。

③ 拖曳配對

> **TIPS** 印章工具、筆刷工具
>
> 「印章工具」與「筆刷工具」的操作方法和「筆刷工具」及「仿製印章工具」一樣。先設定筆刷的大小、顏色、不透明度、混合模式等，再拖曳編修。

SECTION

10.7

最適化廣角、鏡頭校正

使用頻率

CHAPTER 10

套用濾鏡

校正鏡頭特有的變形問題

執行「濾鏡→最適化廣角」命令或執行「濾鏡→鏡頭校正」命令，都可以校正相機鏡頭。「最適化廣角」能校正廣角、魚眼、球面等變形問題，而「鏡頭校正」是使用鏡頭描述檔，以預設的自動校正選項，快速正確校正變形問題。

最適化廣角

使用魚眼鏡頭或廣角鏡頭拍攝的照片，容易因鏡頭特性而產生邊角變形的問題。使用「最適化廣角」濾鏡，可以拖曳拉直彎曲部分，或**自動校正影像中因鏡頭特性而變形的物體**。

① 執行「最適化廣角」命令

開啟以廣角鏡頭拍攝的影像，執行「濾鏡→**最適化廣角**」命令。

Photoshop 會自動判斷鏡頭的描述檔並進行校正。

假如仍有變形問題，請執行步驟 2。

> ◎POINT
>
> 如果使用的是廣角鏡頭，請在「校正」選取透視。若由 Photoshop 自動判斷拍攝相機的鏡頭描述檔，會顯示為「自動」。

② 使用「限制工具」校正

使用**限制工具** ，按一下並拖曳傾斜影像的直線部分，繪製直線，將旋轉控制點拖曳到你想傾斜的位置。

「多邊形限制工具」可以沿著物體繪製多邊形，將其拉直。

③ 校正其他部分

同樣使用「限制工具」 校正影像的角度。完成之後按下「確定」鈕。

影像邊緣出現透明部分，請使用「裁切工具」 裁切，假如仍有透明部分，請選取該部分，執行「編輯→內容感知填色」命令。

❶ 開啟「最適化廣角」對話框

限制工具

出現變形

魚眼
透視
自動
完整球面

❷ 使用「限制工具」拖曳

❸ 拖曳旋轉控制點

❹ 校正角度

❺ 左邊也一併校正

❻ 填滿透明部分

▌鏡頭校正

執行「濾鏡→鏡頭校正」命令，可以**校正因相機鏡頭產生周圍曝光不足或往外側、內側彎曲的鏡頭變形問題**。

自動校正

如果你已經知道相機廠牌與使用的鏡頭，可以在「自動校正」標籤選擇鏡頭。

移除扭曲工具
拉直工具
移動格點工具

廣角鏡頭會出現桶狀變形，望遠鏡頭會出現枕狀變形。開啟後可以偵測鏡頭描述檔，自動校正。

這是因鏡頭折射率隨光線波長改變所產生的影像錯位現象。

這是校正周圍光線量比鏡頭中心還少而變暗的現象。

勾選「幾何扭曲」可以自動校正變形。

勾選「暈映」可以增加周圍的光線量。

自訂

可以使用「幾何扭曲」、「色差」、「暈映」、「變暗」等設定進行校正，能邊檢視格點邊調整。

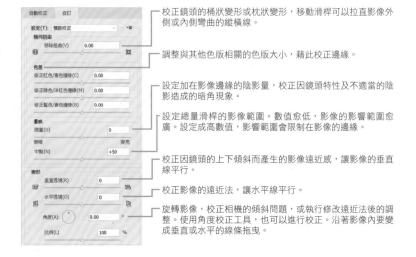

校正鏡頭的桶狀變形或枕狀變形，移動滑桿可以拉直影像外側或內側彎曲的縱橫線。

調整與其他色版相關的色版大小，藉此校正邊緣。

設定加在影像邊緣的陰影量，校正因鏡頭特性及不適當的陰影造成的暗角現象。

設定總量滑桿的影像範圍。數值愈低，影像的影響範圍愈廣。設定成高數值，影響範圍會限制在影像的邊緣。

校正因鏡頭的上下傾斜而產生的影像遠近感，讓影像的垂直線平行。

校正影像的遠近法，讓水平線平行。

旋轉影像，校正相機的傾斜問題，或執行修改遠近法後的調整。使用角度校正工具，也可以進行校正。沿著影像內要變成垂直或水平的線條拖曳。

藝術風濾鏡

以各種筆觸繪圖的濾鏡

「藝術風」濾鏡整合了繪畫風格等藝術元素的濾鏡，屬於濾鏡收藏館的濾鏡之一。

海報邊緣
強調邊緣，呈現用顏料塗抹整體影像的效果。

挖剪圖案
減少影像色階，製作出如剪紙般的單純影像。

塗抹沾污
呈現用筆或刷毛等塗抹陰暗部的影像。

海綿效果
以潮濕的海綿塗抹影像，製作出暈染顏料的效果。

乾性筆刷
製作出用乾性筆刷描繪的影像。

霓虹光
設定前景色與背景色，製作出霓虹管發光的影像。

調色刀
製作出用調色刀繪製油畫的影像。

壁畫
製作出以壁畫用的濕壁畫畫法描繪的影像。

塑膠覆膜
製作出彷彿加上一層塑膠膜的影像。

彩色鉛筆
製作出以色鉛筆繪製的影像。

水彩
製作出宛如以水彩繪製的影像。

粗粉臘筆
製作宛如蠟筆畫的影像。

著底色
製作出融合色彩，粗略素描的影像。

塗抹繪畫
製作出以各種筆觸塗抹的影像。

粒狀影像
製作出以粗粒子底片拍照的影像。

讓影像變得清晰鮮明的濾鏡

在「濾鏡」選單的「銳利化」濾鏡中，提供了讓影像變清晰的濾鏡。「遮色片銳利化調整」是最常用的濾鏡，而「防手震」濾鏡可以減少影像的手震問題。

遮色片銳利化調整

如果影像不夠鮮明，可以**強調輪廓的對比，提高影像的鮮明度**。Photoshop 的銳利化濾鏡是最常用的濾鏡，可以讓模糊的影像變清楚。

「**總量**」以 1～500 設定套用的強度，數值愈大，效果愈強烈。「**強度**」以 0.1～250.0 設定套用的寬度範圍。

「**臨界值**」以 0～255 設定套用的階層範圍，數值愈小，套用範圍愈廣（0 為整個影像），低於臨界值臨界色階的影像部分不會套用濾鏡效果。

套用前

套用後

智慧型銳利化

你可以設定不同的方法、總量、強度等項目調整影像，讓照片變銳利。

按一下「陰影／亮部」，可以分別設定陰影與明亮部分，「總量」是設定套用的強度，「強度」是設定套用的幅度，「減少雜訊」是設定雜訊的減輕程度，「移除」是設定銳利化的方法，「陰影／亮部」可以設定陰影與亮部的淡化量、色調寬度、強度或半徑。

套用前

套用後

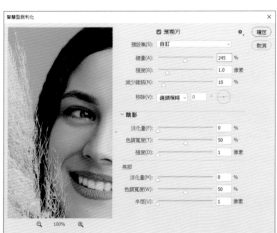

在選項選單中，執行「使用舊版」命令，可以利用 CS6 之前的智慧型銳利化進行調整。

防手震　（Photoshop 23.3 版移除此功能）

利用**影像分析校正因為移動相機造成影像模糊的手震問題。**

在「模糊繪圖邊界」設定描繪手震邊緣的大小，「平滑化」是設定銳利化強弱，「抑制不自然感」可以抑制大型斑點，「抑制不自然感」能抑制套用銳利化時的雜訊斑點。

按一下「進階」開啟「顯示模糊估算區域」，利用「模糊估算工具」在預視拖曳畫面上手震的位置，設定解析的基準位置，「模糊方向工具」是往手震方向拖曳，設定方向與長度。

銳利化

讓影像的輪廓變得清晰銳利。

更銳利化

產生約兩倍「銳利化」的效果。這個濾鏡套用多次之後，影像的平滑部分會變粗糙，如果套用一次的效果不夠到位，最好使用「遮色片銳利化調整」。

銳利化邊緣

只有影像輪廓（對比強烈部分）變銳利，讓影像變鮮明。

銳利化：執行一次　　更銳利化：執行一次　　銳利化邊緣：執行一次

10.10 製作雙色繪畫風格

使用頻率

「素描」濾鏡是使用前景色與背景色，執行紋理、炭筆畫、鉻黃等手繪或繪畫風格的處理。

濕紙效果
製作以水暈染的水彩畫影像。

邊緣撕裂
以背景色與前景色加強對比，加工成黑白風格。

畫筆效果
使用背景色與前景色，製作彷彿以細畫筆描繪的影像。

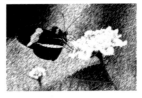

蠟筆紋理
以背景色與前景色製作猶如蠟筆繪製的影像。

鉻黃
製作如同以鉻合金加工而成的影像。

拓印
使用背景色與前景色，製作猶如影印機拷貝的黑白影像。

印章效果
利用背景色與前景色，製作如同印章風格的影像。

粉筆和炭筆
利用背景色與前景色，製作以粉筆和炭筆描繪般的影像。

網印效果
使用背景色與前景色，製作出以雙色點畫製作而成的細紋效果。

便條紙張效果
利用背景色與前景色製作出像是壓紋紙的影像。

網屏圖樣
利用背景色與前景色，以網點表現黑白風格。

石膏效果
使用背景色與前景色製作出有凹凸感的立體影像。

立體浮雕
使用背景色與前景色製作出猶如浮雕的立體影像。

炭筆
使用背景色與前景色，製作出炭筆畫般的影像。

紋理濾鏡

製作壁紙或馬賽克等紋理效果

這是可以製造紋路、裂痕、彩色玻璃等紋理效果的濾鏡。

▌裂縫紋理濾鏡

製作出加入裂縫猶如壁畫般的影像。「裂縫間距」是以 2 ～ 100 設定裂縫的間隔。數值愈大，裂縫的間隔愈大，整體影像的裂縫愈少。「裂縫深度」是以 0 ～ 10 設定裂縫的深度。「裂縫亮度」是以 0 ～ 10 設定裂縫的亮度，數值愈小，裂縫愈暗。

裂縫紋理	
裂縫間距(S)	15
裂縫深度(D)	6
裂縫亮度(B)	9

套用前　　　　　　　　　　套用後

▌彩繪玻璃

製作出猶如繪製在彩繪玻璃上的影像，各個儲存格的邊緣會套用前景色。「儲存格大小」是以 2 ～ 50 設定每個儲存格，「邊界粗細」是以 1 ～ 20 設定儲存格邊界縫隙的粗細，「光源強度」是以 0 ～ 10 設定從背面中央插入光線的強度，數值愈大，射入的光線量愈多。

彩繪玻璃	
儲存格大小(C)	10
邊界粗細(B)	4
光源強度(L)	3

套用前　　　　　　　　　　套用後

▌其他濾鏡

紋理化	拼貼	嵌磚效果	粒狀紋理
製作有素材感的影像。	製作如拼貼般的影像。	製作猶如磚塊分割排列的影像。	在影像加上粒狀雜訊，製造出各種質感。

增加或減少雜訊

「雜訊」濾鏡提供了增加或減少雜訊的濾鏡效果。

▌污點和刮痕濾鏡

可以模糊影像上的斑點等雜訊，使其變得比較不明顯。「強度」是以 1 ~ 16 增減模糊效果，數值愈大，範圍愈大。「臨界值」是以 0 ~ 255 設定雜訊的鮮明度。

套用前

套用後

▌減少雜訊濾鏡

當相機感測器或底片粒子產生雜訊時，這個濾鏡可以在維持影像邊緣（細節）的狀態下減少雜訊。在「進階」選項中可依照各個色版調整要減少的雜訊量。

套用前

套用後

▌其他濾鏡

增加雜訊
加入各種雜訊，製作出粗糙影像。

中間值
中和對比強烈的色調部分，讓整個影像變平滑。

去除斑點
保留影像邊緣，模糊邊緣以外的部分，使影像變柔和。

像素濾鏡

套用馬賽克或結晶化等像素效果

「像素」濾鏡是將顏色值相近的像素平均化，再進行馬賽克、點狀化、結晶化等濾鏡處理。

彩色網屏

在影像製造印刷用的網點。「最大強度」是以 4 ~ 127 設定網點的大小，「網角度數」是設定各種顏色的水平位置角度，RGB 影像是套用色版 1 ~ 3，CMYK 影像是套用色版 1 ~ 4。

套用前

套用後

其他濾鏡

殘影
拷貝像素，平均之後，使其產生畫面錯位。

網線銅版
將影像轉換為黑白區域，在影像中加入完全飽和色的隨機圖樣。

馬賽克
將像素聚集成方形區塊。

結晶化
將像素變成純色多角形。

點狀化
將影像中的顏色變成隨機點，像在點狀化的繪畫中，使用背景色當作點與點之間的版面區域。

多面體
將純色或顏色類似的像素聚集成相似色的像素區塊。

TIPS 視訊效果濾鏡

「視訊效果」的「**NTSC 色彩**」可以把 RGB 色彩無法顯示的色域，轉換成接近電視螢幕重製時可接受的色域，避免過度飽和的顏色出現電視掃描線的滲色現象。「反交錯」是以介面方式匯入拍攝的影像，並排除影像中的橫線。

試著製作出猶如用筆刷繪製的影像

模仿以油墨、噴灑、墨繪等筆觸效果繪製的影像。

▌油墨外框濾鏡

製作出只有邊緣與陰暗部分以黑色油墨描繪的影像。「筆觸長度」以 1～50 設定邊緣範圍，數值愈大，邊緣的範圍愈大，「暗度強度」以 0～50 設定陰影範圍，數值愈大，陰影範圍愈大，「光源強度」以 0～50 設定亮部範圍。

油墨外框	∨
筆觸長度(S)	4
暗度強度(D)	20
光源強度(L)	10

套用前

套用前

▌其他濾鏡

強調邊緣
強調輪廓部分，調整邊緣的平滑度。

噴灑
製作猶如以噴灑技巧繪製的影像。

變暗筆觸
強調明暗對比，製作以畫筆塗抹般的影像。

角度筆觸
製作以左右斜線描繪的影像。

潑濺
製作出猶如顏料飛濺或噴灑的影像。

墨繪
強調陰影，製作出以墨繪繪製的影像。

交叉底紋
製作出加上左右斜線底紋的影像。

模糊濾鏡

模糊影像

「濾鏡」選單中的「模糊」濾鏡提供各種模糊影像或鏡頭模糊效果的濾鏡,在「模糊收藏館」中,可以一邊預覽效果,一邊設定套用模糊效果的照片。

▌高斯模糊濾鏡

在整個影像或選取範圍內,**利用稱作高斯曲線的像素曲線**,製造大片模糊效果。「強度」以 0.1 ～ 250.0 設定模糊程度,數值愈大,效果愈強烈。

套用前

套用後

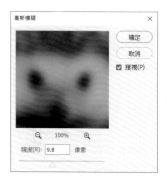

▌鏡頭模糊濾鏡

和鏡頭一樣,可以套用**淺景深的模糊效果**。「景深對應」是設定哪個部分要套用景深效果,「光圈」可以設定光圈形狀、強度、葉片凹度、旋轉,「反射的亮部」可以利用臨界值設定限制亮度的值,「雜訊」可以設定總量及雜訊的分佈法。

套用前

套用後

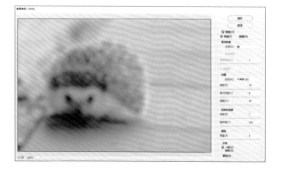

▌其他模糊濾鏡

形狀模糊
在對話框中,利用選取的形狀套用模糊效果。

方框模糊
根據相鄰像素顏色的平均值模糊影像。

動態模糊
可以產生以慢速快門拍攝晃動或高速移動物體的效果。

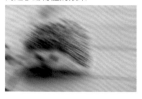

模糊和更模糊
可以得到和執行「模糊」濾鏡 3 ～ 4 次一樣的效果。

265

智慧型模糊
在影像輪廓以外的部分套用模糊效果。

表面模糊
希望保留邊緣並套用模糊效果時，可以使用這個濾鏡。

放射狀模糊
套用以放射狀旋轉或縮放影像的模糊效果。

平均
尋找平均值的顏色，以該顏色填滿。

▌模糊收藏館

在「模糊收藏館」中，選取「景色模糊」、「光圈模糊」、「移軸模糊」，右邊會顯示「**模糊工具**」面板，可以選取各項工具，設定模糊總量（能**套用多個模糊效果**）。

在下面的「**效果**」面板，可以設定光源散景量、散景顏色、光源範圍，「**雜訊**」面板可以設定模糊的雜訊量、大小、粗糙度等。

景色模糊
在畫面上放置模糊圖釘，依照影像上的圖釘位置設定模糊量及效果。

光圈模糊
套用模糊，建立沒有模糊效果的橢圓形焦點區域。在影像上按一下增加焦點區域，可以調整大小、旋轉、形狀。

傾斜位移
套用模糊，建立帶狀無模糊的焦點區域，在「扭曲」控制模糊扭曲的形狀，直線是焦點範圍，虛線是從焦點到模糊的移動範圍。

路徑模糊
可以套用沿著路徑移動的模糊效果。

迴轉模糊
可以套用放射狀的動態模糊效果。

景色模糊

按一下增加圖釘

這裡的圖釘是降低模糊的程度

傾斜模糊

光圈模糊

調整形狀

旋轉與大小

迴轉模糊

路徑模糊

POINT

選項列的「儲存遮色片到色版」是儲存模糊遮色片的拷貝，「高品質」是開啟精準的模糊效果。

SECTION

10.16

風格化濾鏡

強調輪廓

使用頻率

「風格化」濾鏡包括移置像素、浮雕、尋找邊緣、邊緣亮光化等強調輪廓的濾鏡。

▌邊緣亮光化濾鏡（濾鏡收藏館）

偵測影像的輪廓部分，製作出猶如**霓虹燈管發光**的影像。「邊緣寬度」以 1～14
設定霓虹管的輪廓粗細，「邊緣亮度」以 0～20 設定輪廓的亮度，「平滑度」以
1～15 設定輪廓的平滑度，數值愈大，輪廓愈模糊。

邊緣亮光化	
邊緣寬度(E)	2
邊緣亮度(B)	6
平滑度(S)	5

套用前

套用後

浮雕
製作出邊緣猶如浮雕的影像。

▌其他濾鏡

曝光過度
反轉比中間值還明亮的部分，製
作出如同顯像中的影像。

突出分割
製作出分割再推出的影像。

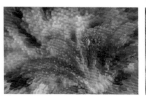

擴散
製作出讓顏色隨機分佈擴散的影
像。

風動效果
製作出猶如被風吹動而左右晃動
的影像。

錯位分割
製作出像磁磚般分割分散的影
像。

油畫
套用以油彩顏料繪圖的筆觸。

輪廓描圖
偵測對比強烈的影像輪廓，描繪
細緻線條。

尋找邊緣
只偵測輪廓，顯示背景為白色的
影像。

CHAPTER 10　套用濾鏡

267

演算上色濾鏡

套用光線反射效果

提供火焰、雲狀效果、纖維、光源效果等利用光線反射的濾鏡。

火焰濾鏡

沿著事先繪製、選取的路徑，依對話框中的設定繪製火焰。
可以設定火焰類型、長度、寬度、角度、重複播放的間隔、
火焰線條、湍流、鋸齒、不透明、火焰底部對齊方式、火焰
樣式、顏色等。

套用前

套用後

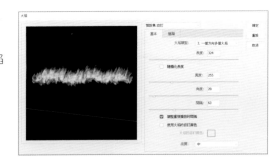

光源效果濾鏡

製作出猶如**以聚光燈打亮的影像**。組合 17 種光
源樣式（從選項列的預設集選取）、3 種光源類
型、4 種屬性，可以製造出各種光源效果，只能
套用在 RGB 影像上。

新增聚光
新增點光
新增無限光
重設目前光源

纖維
與原始影像無關，利用前景色與
背景色，產生纖維般的圖樣。

圖片框
繪製設定的藤蔓邊框。

樹
設定基本的樹木類型、光源方向、
相機傾斜、葉子量、葉子大小、
樹枝高度、樹枝粗細、顏色等，
在影像置入樹木。

雲狀效果、雲彩效果
以前景色與背景色製作出雲狀效
果的影像。

反光效果
在畫面置入太陽，製作出以逆
光拍攝的影像。

扭曲濾鏡

套用波形、漣漪、魚眼等扭曲效果

「扭曲」濾鏡可以在影像套用波形、漣漪、魚眼等變形效果。

玻璃效果
套用猶如透過玻璃檢視影像的效果。

傾斜效果
製作沿著直線、曲線隨意變形的影像。

鋸齒狀
在影像套用彷彿把物體丟入水中產生的波紋效果。

內縮和外擴
製作出像用手抓住拉出或推進去的影像。

扭轉效果
以影像中央為軸心，製作出漩渦狀的變形影像。

海浪效果
製作出有著小波紋效果的影像。

魚眼效果
製作出像貼上立體球體或圓柱的影像。

旋轉效果
轉換座標軸，營造出在圓柱內側貼入影像的效果。

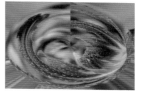

擴散光暈
製作出亮部發光般的影像。

移置
利用移置對應（PSD 檔案）的顏色值轉換影像。

波形效果
製作出彷彿透視水面波紋的影像。

漣漪效果
製作出透過水中漣漪看到的影像。

CHAPTER 10

套用濾鏡

其他濾鏡

產生讓像素值錯位的效果

「自訂」、「畫面錯位」可以產生讓像素值錯位的效果。

自訂濾鏡

這是根據輸入的數值與位置，透過各個像素的亮度數值設定，轉換各種影像的濾鏡。「縮放」是以 1 ～ 9,999 設定對比，數值愈大，亮度值愈低。「畫面錯位」是以 -9,999 ～ 9,999 設定，數值愈大，亮度值愈大。不需要在每個文字方塊都填入數值。

套用前

套用後

畫面錯位濾鏡

在選取範圍內，將影像往水平、垂直方向移動建立一個新的影像。在「水平」與「垂直」移動的距離範圍從 -30,000 ～ 30,000 。「未定義區域」是設定移動後空白區域的處理，可以選取「設為透明」、「重複邊緣像素」、「折回重複」。

套用前

套用後

顏色快調
以灰色限制影像內比特定色階還暗的部分，製作出強調亮部的影像。

最小
將指定範圍的像素亮度值統一成最暗色階。

最大
將指定範圍的像素亮度值統一成最亮色階。

HSB/HSL
轉換成 RGB、HSB、HSL 色彩模式。

Digimarc
這是以「數位浮水印」方式在影像嵌入或讀取著作權資料的濾鏡，只支援 32 位元。

11

轉存影像與資料庫的運用

製作完成的影像可以依照圖層或工作區域
輕易轉存成 JPEG 或 PNG 格式。

本章將一併說明如何產生影像資產。使
用資料庫,可以在其他 CC 應用程式共享
Photoshop 上的物件、顏色、字體等。

11.1

使用頻率

執行「檔案→轉存→轉存為/快速轉存」命令

以「轉存為」儲存檔案

執行「轉存為」命令可以維持圖層、圖層群組、工作區域等各個項目的精細度,將影像轉存成網頁或社群媒體使用的檔案,包含多個工作區域的影像也能輕鬆轉存,非常方便。

以「轉存為」儲存檔案

「轉存為」可以使用 PNG、JPEG、PNG-8、GIF、SVG 格式,以優化的演算法**轉存成較小的檔案**。尤其是選擇「最高品質」JPEG 壓縮時,檔案大小可能縮小一半,習慣以舊版「儲存為網頁用」存檔方式的人,請記住這裡的轉存方法。

① 執行「轉存為」命令

開啟要轉存的影像,選取圖層上的項目(圖層、圖層群組、工作區域),執行「**檔案→轉存→轉存為**」命令,開啟「轉存為」對話視窗。在「圖層」面板按右鍵,執行「轉存為」命令也可以執行相同操作。

❶ 在「圖層」面板選取項目

這個範例選取了 iPhone 用的工作區域。

② 選取影像格式

開啟「轉存為」對話框,在右上方的「格式」選取「PNG」。

檔案設定	
格式:	PNG ∨

> **POINT**
>
> 勾選 PNG 的「較小檔案(8 位元)」,可以轉換成 256 色 8 位元的影像,取消勾選則變成 24 位元全彩影像。
> 選取「JPG」時,會顯示「品質」設定項目,這裡能以 1% 為單位來設定品質。

> **POINT**
>
> 執行「檔案→轉存→轉存為網頁用(舊版)」命令,會使用舊的演算法,操作也比較複雜,建議之後改執行「轉存為」命令儲存檔案。

❸ 選取「PNG」

設定項目

在「轉存為」對話框中，可以設定**格式、品質、影像尺寸、重新取樣、版面尺寸、中繼資料、色域**等。

左邊面板可以設定相對大小、後置字元再轉存。

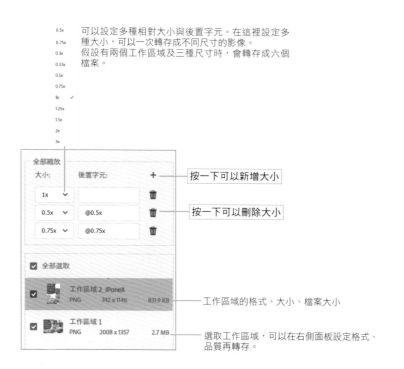

可以設定多種相對大小與後置字元。在這裡設定多種大小，可以一次轉存成不同尺寸的影像。
假設有兩個工作區域及三種尺寸時，會轉存成六個檔案。

按一下可以新增大小

按一下可以刪除大小

工作區域的格式、大小、檔案大小

選取工作區域，可以在右側面板設定格式、品質再轉存。

按一下設定轉存的檔案夾。

快速轉存

執行「檔案→轉存→**快速轉存為（格式名稱）**」命令，不用特別設定就會依照「編輯→偏好設定→轉存」中的「快速轉存格式」設定內容，在轉存位置轉存檔案。如果要更改檔案格式，必須在偏好設定內更改，這點比較麻煩。

若想快速轉存特定的圖層、圖層群組、工作區域，請在想轉存的**圖層項目按右鍵，執行「快速轉存為（格式名稱）」**命令。此時，不需要和切片一樣隱藏下方圖層，就會轉存成背景透明的影像。

PNG 格式、JPEG 格式、GIF 格式

記住檔案格式的特徵

在「轉存為」、「儲存為網頁用」對話框中,最重要的是選擇檔案格式,請根據用途選擇最適合的檔案格式。

PNG 格式

在「轉存為」對話框選取「PNG」,勾選「透明度」,會以 32 位元轉存檔案,若勾選「較小檔案(8 位元)」,會轉存為 **8 位元(PNG-8)格式**,如果兩者都未勾選,則轉存成 **PNG-24 位元格式**。

PNG-8 的特色是最多產生 **256 色索引色**、不可逆壓縮、高壓縮率、穿透顯示。雖然照片以外的影像會使用 GIF 影像,但是網頁瀏覽器大部分都支援 PNG,因此以 PNG-8 存檔的壓縮率較高。

JPEG 格式

高壓縮率(畫質會變差的不可逆壓縮),是**最適合顯示照片影像的檔案格式**。「品質」可以設定七種等級,愈精細的影像檔案愈大。

GIF 格式

高壓縮率,和 JPEG 格式一樣,是適合當作網頁影像的檔案格式,可以設定**最多 256 色(8 位元)的色彩表與顏色數量**,還可以設定混色、透明(穿透 GIF)、交錯等選項。

目前用 256 色呈現的影像以檔案較小的 PNG 格式為主,GIF 格式除了當作 GIF 動畫,其他用途愈來愈少。

TIPS **轉存為 PDF**

PDF 是 Adobe 公司開發的格式,使用免費的 Adobe Reader,任何人都能以相同檢視方式瀏覽內容。傳送含文字的設計樣本或簡報檔案時,常使用這種格式。

Adobe Reader 可以加上註解,能輕易溝通修改檔案設計。執行「檔案→轉存→工作區域轉存 PDF」命令,可以把各個裝置的設計樣本轉存成 PDF 格式。

SECTION

11.3

執行「檔案→產生→影像資產」命令

擷取、產生影像資產

使用頻率

如果想在網站使用 Photoshop 的部分影像，只要在圖層或圖層群組名稱前加上影像用的副檔名，就可以輕易擷取。當您熟悉了命名原則，還能設定檔案大小及壓縮率，請注意您無法改變影像的儲存位置。

▌產生影像資產

在 Photoshop 的**圖層名稱加上副檔名**，會在與 Photoshop 檔案的同一階層，建立名為「檔案名稱 -assets」的檔案夾，自動儲存加上副檔名的圖層名稱檔案。

① 擷取的準備工作

執行「編輯→偏好設定→增效模組」命令，確認是否勾選「**啟動產生器**」(預設為開啟)。

> ● POINT
>
> 過去是透過切片功能轉存部分影像，但是使用影像資產轉存，每次修改影像時，不需要重新轉存，比較方便。

② 加上副檔名

這個範例是在「Winter Gifts」文字圖層名稱加上「.png」副檔名。

執行「**檔案→產生→影像資產**」命令，在與 Photoshop 檔案同一階層的「檔案名稱 -assets」檔案夾內，儲存「Winter Gifts. png」影像檔案。

③ 設定多個檔案

接著再加上以半形逗號分隔的「.jpg」、「.gif」副檔名。

① 確認已經勾選該項目

② 加上副檔名

③ 產生檔案

④ 加上多個檔案副檔名

⑤ 產生三個檔案

Winter Gifts.gif ｜ Winter Gifts.jpg ｜ Winter Gifts.png

④ 使用 Photoshop 編輯

在 Photoshop 更改文字圖層的顏色並存檔，剛才自動轉存的影像顏色也會同步修正。

⑥ 改變文字顏色

⑦ 產生的檔案也會同步變色

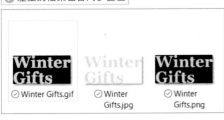

TIPS **圖層／圖層群組名稱的命名原則**

圖層名稱、圖層群組名稱適用以下原則。

- 如果有多個影像資產，以半形逗號分隔。
- 如果要在影像資產檔案夾內，建立子檔案夾再存檔，名稱設定為「子檔案夾名稱 / 檔案名稱」。
- JPEG 影像的參數設定→在影像資產名稱末尾以 1 ～ 100 設定壓縮率。例如：「Winter.jpg10」、「Winter.jpg50」
- PNG 影像的參數設定→在影像資產名稱末尾加上 8、24、32。例如：「Winter.png8」「Winter.png24」
- 設定影像大小→檔案名稱開頭設定 px、cm、mm 並輸入半形空格。例如：「70% Winter.png」「20mm x 3cm Winter.jpg50」
- 執行從文件產生影像資產的預設值→在文件內建立空白圖層，圖層名稱設定如下所示。

  在指定的子檔案夾內建立檔案→「default [子檔案夾名稱]/ 檔案名稱」

  增加指定的接尾字元→「default @[接尾字元] 檔案名稱」

  縮小 70% 並在指定的子檔案夾內建立檔案→「default 70% [子檔案夾名稱]/ 檔案名稱」

SECTION 11.4

使用頻率

◉ ◉ ◉

在資料庫共用元件

資料庫可以在 Creative Cloud 的桌面應用程式或行動 App 之間共用影像資產。把物件拖曳到資料庫，儲存顏色、文字樣式、影像等，可以在 **Photoshop**、**Illustrator**、**Dreamweaver**、**InDesign** 等使用該設定。

何謂資料庫

在 Photoshop 的**「資料庫」面板**中，以 Adobe ID 登入 Creative Cloud 應用程式或共用資料的使用者，可以將以下各種資料載入 Photoshop 內。

- **桌面版**　來自 Photoshop、Illustrator、Lightroom、Dreamweaver、InDesign、Premiere Pro、Bridge、XD、Fresco 等應用程式的資料
- **行動 App**　來自 Photoshop、Photoshop Express、Illustrator、Lightroom、Premiere Rush、Fresco、Capture、Aero 等應用程式的資料
- Creative Cloud Market、Stock 資料

此外，資料庫還可以加入顏色、文字樣式、筆刷、圖層樣式、圖表等影像資產，任何一個應用程式的「資料庫」面板都可以顯示。

建立新資料庫並儲存項目

執行「視窗→資料庫」命令，開啟「資料庫」面板，建立新的資料庫，儲存影像資產。

① 執行「從文件建立新資料庫」命令

按一下「資料庫」面板中的**「建立新資料庫」**。輸入「MyLib_2023」，按下「建立」鈕。

① 按一下 **② 輸入資料庫名稱**

③ 按一下

② 拖曳文字圖層

使用「移動工具」 ⊕. 把範例左上方的「WinterGifts」LOGO 拖曳到「資料庫」面板中，就可以儲存影像。

⑤ 拖曳到「資料庫」面板

⑥ 儲存成影像

③ **增加樣式**

按一下「新增元素」鈕 **+.**，在面板中選取增加
項目，剛才拖曳的文字 LOGO 屬性會儲存在
「資料庫」面板中。

→

文字樣式

影像

顏色

⑨ 在指定的圖層物件套用顏色

④ **套用樣式**

把儲存在資料庫的顏色屬性套用在其他
LOGO。

選取「圖層」面板中的形狀圖層，按一下「資
料庫」面板的顏色。

在 Illustrator 套用樣式

Photoshop「資料庫」面板的影像資產也可以使用在其他 Creative Cloud 桌面版應用程式，以下將套用在 Illustrator
的物件。

① **在 Illustrator 選取資料庫**

啟動 Illustrator，必須使用和 Photoshop 一樣
的 Adobe ID 登入。
在 Illustrator 的「資料庫」面板按一下開啟選
單，從中選取在 Photoshop 建立的資料庫。

① 在Illustrator選取資料庫

② 置入影像

從 Illustrator 的「資料庫」面板拖曳置入影像。

③ 編輯影像

置入的 Photoshop 形狀呈現選取狀態，在
Illustrator 的工具選項列按一下「編輯原稿」，
開啟 Photoshop 的資料庫。
Photoshop 的編輯結果也會套用在置入的
Illustrator 資料庫組合。

❸ 按一下Illustrator的選項列

❹ 在Photoshop開啟、編輯、儲存後關閉

❺ 在Illustrator置入的資料庫組合也改變了顏色

TIPS　共用檔案夾、共用連結

如果想與其他 Creative Cloud 使用者共用資料庫，在面板選單
執行「**邀請人員**」命令。

啟動瀏覽器，在對話框中，輸入共用者的電子郵件，按下「邀
請」鈕。

收到電子郵件的使用者，按一下電子郵件內的「**開始協作**」，即
可共用資料庫。

資料庫選單中的「**取得連結**」是建立公開的連結，透過該連結，
任何人都可以下載資料庫的副本。

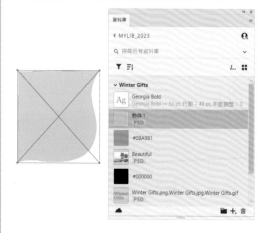

執行「檔案→轉存→轉存為網頁用（舊版）」命令

學習「轉存為網頁用」

在 Photoshop 可以調整影像的顏色數量及壓縮率，並比較預覽結果，轉存成最適合網頁用的影像，像是 JPEG、GIF、PNG 等格式；但是這種方法已經過時，最好改用「轉存為」命令，可以得到更好的影像品質及適當的檔案大小。

轉存為網頁用

執行「檔案→轉存→轉存為網頁用（舊版）」命令（ Alt + Shift + Ctrl + [S] ），可以檢視多個預視畫面，同時從設定多種檔案格式及壓縮率的畫面中，找出最適合的儲存格式。

設定檔案格式與選項之後，按一下「儲存」鈕，設定存檔位置與名稱後轉存。

在這裡選取預視畫面數量　❶ 按一下選取預視

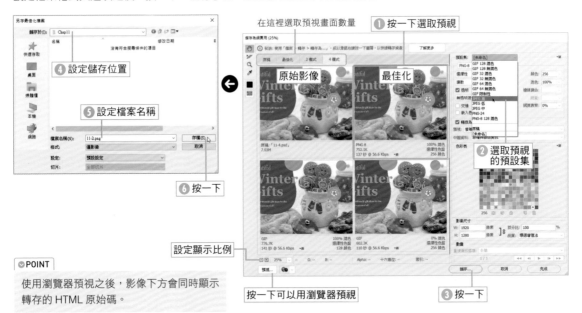

④ 設定儲存位置

⑤ 設定檔案名稱

⑥ 按一下

② 選取預視的預設集

③ 按一下

設定顯示比例

按一下可以用瀏覽器預視

◎ POINT

使用瀏覽器預視之後，影像下方會同時顯示轉存的 HTML 原始碼。

TIPS 將一張影像切片後存成多個影像

使用「切片工具」把一張影像分割成多個切片區域，每個區域可以當作切片轉存成個別的影像檔案，這些檔案可以透過網頁瀏覽器，把同時轉存的 HTML 檔案顯示成一張影像。

275 頁說明的影像資產是把圖層當作轉存範圍，而切片可以利用「切片工具」 ✐ 設定任意區域。

完成設定的 Photoshop 切片以「轉存為網頁用」轉存，可以轉存成整合影像與切片影像的 HTML 檔案與 CSS 檔案。設定切片時，將依照每個切片區域進行影像最佳化。

在「轉存為網頁用」對話框的「最佳化選單」中，執行「編輯輸出設定」命令，可以分別設定「HTML」、「切片」、「背景」、「儲存檔案」再轉存。

12

列印與傳送

使用 Photoshop 合成、編修的照片可以使用印表機列印，也可以加上列印標記、顏色表、說明、框線等。

另外，已經開啟的檔案可以附加在電子郵件中，或與其他應用程式共用。

SECTION

12.1

使用頻率

◉ ◉ ◉

列印設定、執行「檔案→列印」命令

列印作品

請利用 Photoshop 把拍攝的照片、作品、設計列印出來。列印前請先安裝印表機的驅動程式、開啟印表機的電源、選擇印表機及設定列印紙張、數量、大小等。

▌選擇印表機

Windows 10 可以在「開始」→「裝置」→「設定」→「印表機與掃描器」**選取你常用的印表機**，而 Windows 11 是在「藍芽與裝置」→「印表機與掃描器」中選取。

Mac OS 是在「系統偏好設定」的「印表機與掃描器」選取。

如果沒有你需要的印表機，請先新增該印表機，接著開啟連接到電腦的印表機，並**安裝印表機的驅動程式**。

儲存在Windows的印表機

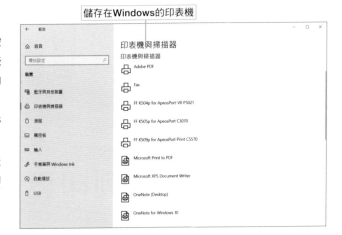

▌列印檔案

① 執行「列印」命令

如果要執行列印，請開啟要列印的影像，同時確認已經連接印表機並開啟電源。

執行「檔案→**列印**」命令（ Ctrl + [P]）。

> ◎POINT
>
> 列印前請先確認電腦已經連接上印表機，並開啟印表機的電源。

> ◎POINT
>
> 執行「檔案→列印一份拷貝」命令（ Alt + Shift + Ctrl + [P]），不會開啟「列印」對話框，而是維持上次的設定，只列印一份文件。

❶ 選取

②「列印設定」對話框

開啟「列印設定」對話框，在右欄選取印表機，
設定列印份數、紙張方向。

❸ 輸入份數　　❷ 選取印表機

拖曳控制點，可以縮放大小，也能調整解析度。

顯示亮白色。

預視在色彩管理設定的色彩。

以警告色顯示超出色域的顏色。

取消設定，關閉視窗。

儲存設定，關閉視窗。

❹ 按一下

設定紙張方向（直、橫）。

設定影像的列印位置。

在紙張的中央列印影像，取消勾選後，拖曳預視，可以調整位置。

設定影像比例、大小，比例與高度／寬度連動。

使用這個選項可以縮放影像，讓影像符合紙張大小。勾選之後無法輸入影像比例。

❺ 按一下開始列印

③ 執行列印設定

按一下「列印設定」鈕，開啟「**印表機內容**」
對話框，Mac 是顯示 OS 標準的「列印」對話
框。

每台印表機的標籤種類與設定畫面不同，設定
列印方法、進紙方法、紙張大小、列印方向
等，完成後按下「確定」鈕，回到 Photoshop
的「列印設定」對話框。

④ 檢視預視與開始列印

在「列印設定」對話框中，預視列印位置及狀
態，如果沒有問題，就按下「列印」鈕。
開始列印。

POINT

　每台印表機的「印表機內容」對話框不盡相
同，詳細內容請檢視印表機的說明書。

❺ 按一下

依照使用目的設定印表機

列印影像時，必須執行各項設定，以下將說明色彩管理、出血及頁面資料、其他功能等設定。

「色彩管理」選項

列印時，如果希望印表機的輸出色彩和螢幕顯示結果一致，必須執行色彩管理設定，但是這種方法只有可以設定印表機與紙張種類的描述檔才有效果。

「**印表機管理色彩**」是沒有適合的印表機描述檔時，才選擇這個項目，使用噴墨印表機可以選擇這個項目。

「**Photoshop 管理色彩**」是輸出 Photoshop 設定的色彩管理，如果有印表機描述檔時，選擇這個項目可以得到更好的結果。

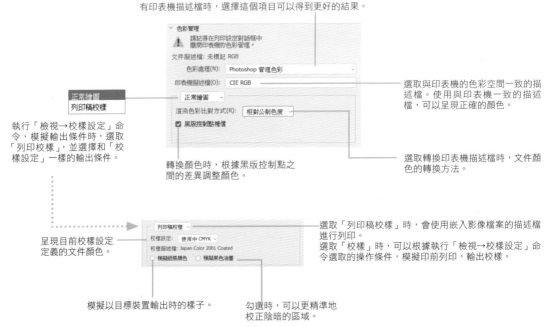

執行「檢視→校樣設定」命令，模擬輸出條件時，選取「列印校樣」，並選擇和「校樣設定」一樣的輸出條件。

選取與印表機的色彩空間一致的描述檔。使用與印表機一致的描述檔，可以呈現正確的顏色。

轉換顏色時，根據黑版控制點之間的差異調整顏色。

選取轉換印表機描述檔時，文件顏色的轉換方法。

呈現目前校樣設定定義的文件顏色。

選取「列印稿校樣」時，會使用嵌入影像檔案的描述檔進行列印。
選取「校樣」時，可以根據執行「檢視→校樣設定」命令選取的操作條件，模擬印前列印，輸出校樣。

模擬以目標裝置輸出時的樣子。

勾選時，可以更精準地校正陰暗的區域。

「列印標記」選項

設定輸出時的列印標記、套準記號（請參考右圖）、說明、標籤
等與頁面有關的項目。

描述

列印執行「檔案→檔案資訊」命令的「描述」欄位。

標籤

列印檔案名稱與色版名稱。

「函數」選項

設定與輸出有關的其他功能。

膜面向下

反轉列印在膠片或相紙表面感光層的影像，一般紙張列印不用
勾選，如果要設定這個項目，請與相關機構洽詢。

負片

反轉影像色彩。

背景

使用滴管工具選取色彩，設定「背景」後，會以背景色列印影像以外的列印範圍。

邊界

使用「邊界」可以在影像邊緣加上邊框。例如，背景為白色的影像，使用這個功能
就能一眼分辨邊緣。

出血

出血是影像邊緣到裁切標誌的距離。如果沒有勾選「角落裁切標誌」，就不用設定
這個項目。

PostScript 選項（限 PS 印表機）

設定與輸出有關的其他功能。

校正列

0 ～ 100% 的濃度以 10% 為單位，分成 11 階灰階列印。

內插補點

PostScript Level2 印表機在列印低解析度影像時，會調整影像鋸齒狀的選項。

包含向量資料

當影像包含形狀或文字圖層等向量資料時，將連同向量資料一起列印。

12.3

執行「檔案→共用」命令、發布在社群媒體上

利用共用檔案分享至社群媒體

使用共用功能，可以輕鬆地將開啟中的檔案分享到電子郵件，或 Twitter、Facebook、LINE 等社群媒體。

▌共用檔案的方法 （Photoshop 23.3版移除此功能）

Photoshop 可以直接把編輯完成的檔案傳送到電子郵件或社群媒體上。

① 執行「分享」命令

開啟要傳送的影像，執行「檔案→分享」命令。

或在工具選項列的右邊，按下「分享影像」鈕 📤。

❶ 按一下

② 選取服務

開啟「分享」面板，選取你想傳送檔案的服務。這個範例是按下「郵件」。

常用的電子郵件名稱會顯示在上面，你也可以直接按一下名稱。

◎ POINT

撰寫本書時，尚無法分享到 Instagram、Twitter、Facebook，預設狀態沒有顯示的應用程式，請按一下「搜尋其他應用程式」再安裝。

Windows

macOS

③ 傳送

如果是「傳送電子郵件給聯絡人」或「郵件」，會開啟附加檔案的送信對話框，請輸入收信地址與內容再傳送。

郵件

傳送電子郵件給聯絡人

13

利用動作與批次處理
提高工作效率

將反覆執行的操作儲存成動作，可以自動
執行連續操作。
批次處理可以對檔案夾內的影像套用指定
動作，如果想在大量影像套用相同處理，
使用這個功能就很方便。

SECTION

13.1

「動作」面板、動作組合

「動作」面板概要

使用頻率

動作是以錄製方式記憶 **Photoshop** 的命令或建立選取範圍等多項操作，儲存成動作後就可以重複使用，利用這項功能能自動完成許多重覆且單調的操作。

動作可以將 Photoshop 的操作自動化

動作可以記錄在 Photoshop **連續執行的多項操作**，只要按一下或透過快速鍵就可以執行。

使用**批次處理**功能，可以在指定檔案夾內的所有影像套用設定的動作（請參考 295 頁）。例如，把大量影像全部改成相同大小，或更改色彩模式等。

使用「**動作**」面板記錄想執行的連續操作，並儲存成動作。儲存之後進行測試，如果不符需求可以修改或增加命令，調整成正確的動作。執行「視窗→動作」命令能**開啟「動作」面板**。

「動作」面板的結構

「動作」面板是用來管理動作的面板，例如執行已經儲存的動作，建立新動作，編輯動作等。

> **TIPS** 何謂命令？
>
> 命令是可以透過 Photoshop 選單執行的功能。例如，執行「編輯→拷貝」命令，或執行「編輯→填滿」命令，這些就是命令。

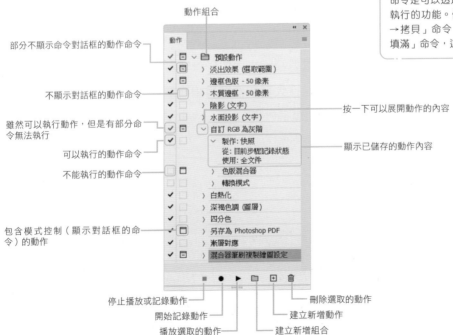

動作組合

部分不顯示命令對話框的動作命令

不顯示對話框的動作命令

雖然可以執行動作，但是有部分命令無法執行

可以執行的動作命令

不能執行的動作命令

包含模式控制（顯示對話框的命令）的動作

按一下可以展開動作的內容

顯示已儲存的動作內容

停止播放或記錄動作
開始記錄動作
播放選取的動作
建立新增組合
建立新增動作
刪除選取的動作

執行動作

按一下選取儲存在「動作」面板中的動作，接著按一下面板下方的「播放選取的動作」鈕 ▶ ，或在面板選單執行「播放」命令。

▶ 中斷執行中的動作

如果要中斷執行中的動作，請按一下「動作」面板的「停止/播放記錄」鈕 ■ 。

停用動作中的部分命令

如果要**停用動作中的部分命令**，請按一下命令左邊的打勾符號 ✔ ，切換成隱藏 □ 。停用部分命令的動作，其打勾符號會顯示成 ✔ 。

如果要開啟已經關閉的命令，請再次按一下核取方塊，重新顯示打勾符號。

切換顯示或關閉對話框

部分動作中的命令會**顯示對話框以設定數值**，這種類型的指令左邊會顯示「切換對話框開/關」圖示 ▭ 。

如果想直接執行動作不要顯示對話框，請按一下 ▭ 隱藏該圖示。若動作之中只有部分命令隱藏對話框，該動作的對話框圖示會顯示成 ▭ 。

如果要重新顯示隱藏的對話框，再按一次核取方塊即可顯示對話框圖示。

建立動作組合並整合成群組

動作組合可以統一儲存多個動作，動作組合會在「動作」面板中顯示成檔案夾，按一下「動作」面板下方的「**建立新增組合**」鈕 ▭ ，或在「動作」面板選單中，執行「**新增組合**」命令。

開啟「新增組合」對話框，輸入組合名稱，按下「確定」鈕。

輸入動作組合名稱

TIPS　**執行整個動作組合**

動作組合不單只是管理動作用的檔案夾，組合本身可以當成一個動作。執行動作組合時，會依照面板中由上往下的順序執行裡面的動作。

TIPS　**動作組合的預設集**

除了 Photoshop 預設顯示的「預設動作」之外，還有動作組合預設集。

在「動作」面板中，選取面板選單下方的動作組合名稱，可以將該組合新增至「動作」面板中。

建立新增動作、含條件的動作、儲存及載入動作檔案

記錄與修改動作

調整影像大小及解析度，更改色彩模式，以特定的檔案格式存檔等，把這些會反覆執行的操作儲存成動作，讓操作自動化就很方便，而且還能編輯已經建立的動作。

儲存新動作

假設我們要把自動調整影像色階儲存成 Photoshop 格式的操作新增成動作。

① 按一下「建立新增動作」

如果要建立動作，必須實際操作並記錄下來。
請先開啟要執行操作的影像檔案。
按一下「動作」面板下方的「**建立新增動作**」
鈕 ⊞。

① 開啟影像

② 按一下

② 開始記錄動作

開啟「新增動作」對話框。
輸入動作名稱，視狀況設定組合、功能鍵、顏色，最後按一下「記錄」按鈕開始記錄動作。

> **POINT**
> 先儲存功能鍵，只要按下該按鍵，就能執行動作。

③ 輸入動作名稱　　**④ 按一下**

可以儲存使用 Shift 與 Ctrl
鍵的功能鍵　　儲存這裡選取的組合

③ 錄製動作

執行要錄製的動作。和平常一樣開始執行操作。這次是對開啟中的影像執行「影像→調整→色階」命令，按一下對話框中的「自動」鈕，記錄自動調整色階的操作。

> **POINT**
> 記錄動作時，「動作」面板的「開始記錄」鈕
> ● 會顯示成 ● 。

⑤ 選取　　　　　　　　**⑥ 按一下**

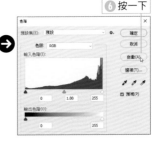

④ **儲存動作**

停止操作後，按一下「動作」面板下方的「停止播放／記錄」鈕 ■ ，**停止錄製**。

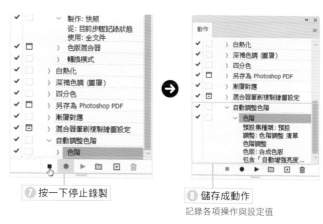

⑦ 按一下停止錄製

⑧ 儲存成動作
記錄各項操作與設定值

在動作新增記錄

已經儲存的動作可以增加記錄，或於中途加入其他操作。

首先選取想新增動作位置前的動作。

接著按一下「動作」面板下方的「開始記錄」鈕 ● ，執行要增加的操作，完成後按一下「停止播放／記錄」鈕 ■ 。

① 選取前面的動作

② 按一下

更改已儲存的動作設定值

日後可以調整已經儲存的動作設定值。例如，「模糊」濾鏡的強度設定值、影像大小的尺寸設定值。在要編輯的動作或命令按兩下，開啟命令的對話框，即可調整數值。

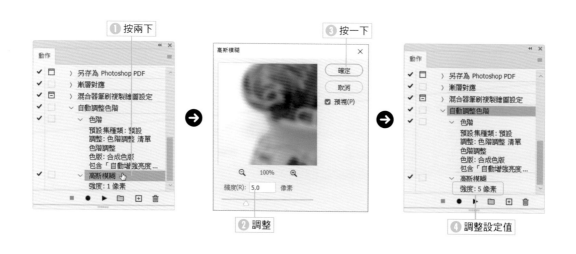

① 按兩下

③ 按一下

② 調整

④ 調整設定值

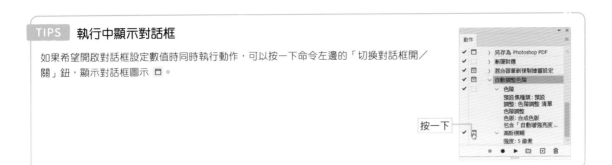

如果希望開啟對話框設定數值時同時執行動作,可以按一下命令左邊的「切換對話框開/
關」鈕,顯示對話框圖示 ▢。

按一下

插入選單項目

在「動作」面板選單中,執行**「插入選單項目」**命令,在選取的動作下方可以增加選單項目。利用「**插入選單項目**」插入的選單項目若是開啟對話框的命令,**執行動作時一定會顯示對話框。**

如果希望不開啟對話框,以儲存的設定值執行動作,請增加動作記錄。

更改動作的執行順序

往上下拖曳動作項目,可以改變動作的順序。

如果想在已經儲存的動作內改變命令的順序,可
以往上下拖曳想移動的命令。

右邊範例想改變成,先套用「高斯模糊」再執行
「色階」命令。

如果把命令拖曳到其他動作內,該動作會加入拖
曳目標的動作內。

拖曳

插入停止,暫時停止操作

在面板選單中,執行「**插入停止**」命令,可以暫時停止動作,插入在動作中**無法記錄的操作。**

完成插入操作後,按一下「動作」面板的「播放選取的動作」鈕 ▶,可以繼續執行剩下的動作。

「插入停止」可以在停止動作時顯示訊息,請在這裡寫下要完成的操作。

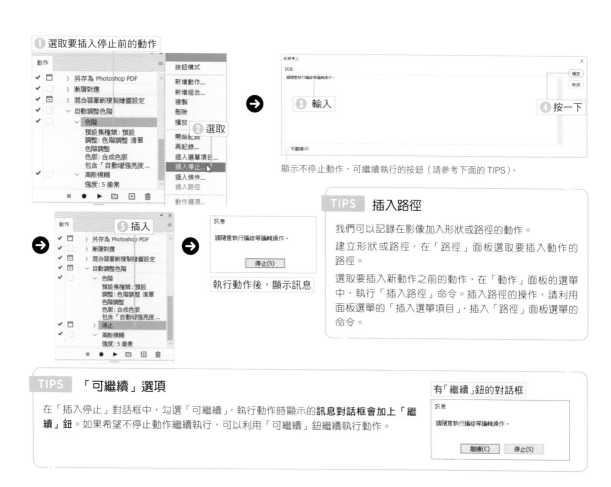

顯示不停止動作，可繼續執行的按鈕（請參考下面的 TIPS）。

TIPS 插入路徑

我們可以記錄在影像加入形狀或路徑的動作。

建立形狀或路徑，在「路徑」面板選取要插入動作的路徑。

選取要插入新動作之前的動作，在「動作」面板的選單中，執行「插入路徑」命令。插入路徑的操作，請利用面板選單的「插入選單項目」，插入「路徑」面板選單的命令。

TIPS 「可繼續」選項

在「插入停止」對話框中，勾選「可繼續」，執行動作時顯示的**訊息對話框會加上「繼續」**鈕。如果希望不停止動作繼續執行，可以利用「可繼續」鈕繼續執行動作。

有「繼續」鈕的對話框

建立含條件的動作

如果想把動作套用在符合某個條件的對象時，建立含條件的動作就很方便。

以下將建立只把「自動調整色階」動作套用在 RGB 模式影像的含條件動作。

① **在空白動作執行「插入條件」命令**

在新動作中，可以建立不記錄內容只建立空白動作（這裡建立名稱為「RGB 自動調整色階」）。

選取只有名稱的空的動作，在面板選單執行**「插入條件」**命令。

② 設定條件

在「如果目前」利用選單設定執行動作的條件。
接著選取「則播放動作」(「自動色階」),以及
「否則播放動作」(這裡設定為「無」)。
設定後按下「確定」鈕。

③ 執行條件式動作

執行「RGB 自動調整色階」動作後,如果是
RGB 影像,會執行「自動調整色階」,若是灰
階或 CMYK 影像,則不會執行動作。
使用「插入條件」命令,可以加上條件,執行
已經建立的動作。

④ 選取「則播放動作」　⑥ 按一下

⑤ 選取「否則播放動作」

POINT

這裡選取了「文件模式是 RGB」,
以 RGB 模式的影像為條件。

▌動作檔案的處理方法(「動作」面板選單)

即使關閉 Photoshop,儲存在「動作」面板的動作仍會存在。
透過「動作」面板選單可以儲存或載入動作。

POINT

動作可以儲存成檔案。即使誤用了其他動作
檔案,也可以重新載入,還能輕易轉移到其
他裝置,非常方便。

刪除所有已經錄製的動作。

可以載入已經儲存成檔案的動作。選取後,開啟對話框,
能設定儲存動作檔案的檔案夾,選取要載入的檔案。

恢復成預設動作。

將目前已經錄製的動作取代成載入的動作檔
案。在「動作」面板錄製的動作會全部清除,
假如想保留,請先執行「儲存動作」命令,儲
存成檔案。

這是把已經錄製的動作儲存成動作檔案的命令。可以儲
存面板上選取的動作組合。將錄製的動作拷貝至其他電
腦並載入,就能使用相同的動作。

選取並載入動作組合

在面板選單下方,顯示了 Photoshop 準備的動作組合,只
要選取就可以載入。

執行「檔案→自動→批次處理」命令

利用批次處理統一執行檔案

執行「檔案→自動→批次處理」命令，可以針對指定檔案夾或已經開啟的所有檔案自動套用已錄製的動作。

何謂批次處理

若要處理有許多相同操作的影像檔案，即使使用動作，也必須對每個檔案執行相同的動作，因為動作只是一連串的操作流程，不具備自動處理多個文件的功能。

使用批次處理，可以對特定檔案夾內的所有影像檔案執行相同動作。例如錄製自動色階動作，就可以**套用在指定檔案夾內的所有影像**。

▶ 運用方式

> 統一影像解析度與大小
>
> 統一將影像的色彩模式（RGB 色彩）變成 CMYK 色彩
>
> 統一自動調整影像的色調
>
> 統一更改影像的檔案格式
>
> 統一在所有影像加上外框
>
> 統一更改影像的檔案名稱

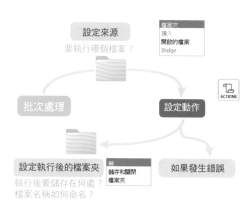

TIPS　快捷批次處理也很方便！

快捷批次處理可以將批次處理圖示化。執行「檔案→自動→**建立快捷批次處理**」命令，能透過對話框完成設定。

如何執行批次處理

執行「檔案→**自動**→**批次處理**」命令，開啟「批次處理」對話框（請參考下一頁）。

設定執行動作、執行處理對象的影像檔案來源、執行後的儲存位置。

按一下「確認」，在對話框中對指定的內容執行動作處理。

▶ 強制中斷批次處理

按一下「動作」面板的「停止／播放記錄」■。

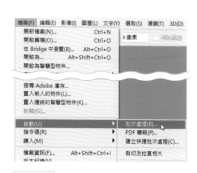

◎POINT

在 Adobe Bridge 執行「工具→ Photoshop →批次處理」命令，也可以進行批次處理。

「批次處理」對話框的設定

在「批次處理」對話框內設定以下內容。

- 執行動作
- 成為批次處理對象的檔案所在的檔案夾
- 執行後的處理
- 發生錯誤的因應方式

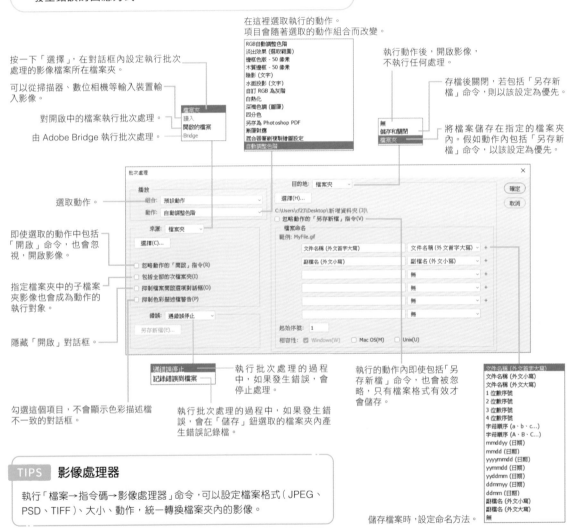

按一下「選擇」，在對話框內設定執行批次處理的影像檔案所在檔案夾。

可以從掃描器、數位相機等輸入裝置輸入影像。

對開啟中的檔案執行批次處理。

由 Adobe Bridge 執行批次處理。

在這裡選取執行的動作。
項目會隨著選取的動作組合而改變。

執行動作後，開啟影像，不執行任何處理。

存檔後關閉，若包括「另存新檔」命令，則以該設定為優先。

將檔案儲存在指定的檔案夾內。假如動作內包括「另存新檔」命令，以該設定為優先。

選取動作。

即使選取的動作中包括「開啟」命令，也會忽視，開啟影像。

指定檔案夾中的子檔案夾影像也會成為動作的執行對象。

隱藏「開啟」對話框。

執行批次處理的過程中，如果發生錯誤，會停止處理。

執行的動作內即使包括「另存新檔」命令，也會被忽略，只有檔案格式有效才會儲存。

勾選這個項目，不會顯示色彩描述檔不一致的對話框。

執行批次處理的過程中，如果發生錯誤，會在「儲存」鈕選取的檔案夾內產生錯誤記錄檔。

儲存檔案時，設定命名方法。

TIPS　影像處理器

執行「檔案→指令碼→影像處理器」命令，可以設定檔案格式（JPEG、PSD、TIFF）、大小、動作，統一轉換檔案夾內的影像。

TIPS　改變檔案格式存檔時，將檔案儲存在檔案夾內

如果以批次處理改變檔案格式並存檔時，請在「目的地」的「檔案夾」選單中，選取「檔案夾」，設定目標檔案夾，並勾選「忽略動作的「另存新檔」指令」。

14

Camera Raw 顯像、Photoshop iPad 版及 Lightroom 連動

一起來學習處理和校正數位相機感測器所捕捉的未經處理的 Camera Raw 檔案吧！對於那些喜歡使用單眼相機拍照的人來說，原始格式的處理是不可缺少的。此外，熟悉如何與 iPad 版的 Photoshop 和 Lightroom 連動工作也是非常實用的技巧。

掌握 Camera Raw 的概念

單眼相機、無反光鏡數位相機普及之後，對於專家或專業攝影師而言，Raw 顯像是不可缺少的重要步驟。Raw 檔案是相機捕捉到的未加工資料，請使用 Photoshop 的 CameraRaw，顯像成你喜愛的結果，再轉存成 JPEG、PNG 格式。

開啟 Camera Raw 資料

Camera Raw 檔案是由數位相機感測器捕捉到，尚未處理過的影像狀態。

Photoshop 可以載入各大相機廠牌的 Raw 檔案。開啟 Raw 檔案之後，會開啟 Camera Raw 對話框，利用右邊的標籤可以切換編輯、裁切與旋轉、污點移除、放射狀濾鏡等項目，進行校正或調整。最上面的編輯可以設定白平衡、曝光度、陰影、亮度、對比、鏡頭校正等。

○ POINT

Raw 檔案的副檔名會隨著相機廠牌而異。Sony 是 .ARW、.SR2，Nikon 是 .NEF，Canon 是 .CR2、.CR3。

○ POINT

執行「濾鏡 → Camera Raw 濾鏡」命令，除了 Camera Raw 檔案之外，其他檔案或特定圖層也可以執行和 Camera Raw 一樣的校正，能套用在智慧型物件上。

檔案名稱　相機名稱　　　　　　　開啟「儲存選項」　　開啟「偏好設定」

編輯面板

編輯面板
裁切面板
修復面板
遮色片面板
紅眼面板
快照面板
預設集面板

標記

利用各個標籤進行調整

顯示、隱藏底片　篩選器

排序依據

顯示「Camera Raw 偏好設定」對話框的「工作流程」，這裡可以設定色域、像素數、大小、解析度。

切換預設與目前的設定

編輯面板的設定項目

編輯面板是使用左邊的預視與右邊的多個面板校正影像。

陰影忽略警告　　亮部忽略警告

在影像上，游標所在位置的 RGB 值。

色階分佈圖。請參考 200 頁，校正之後，色階分佈圖也會產生變化。

透過預設集選取攝影時的環境。

設定適當的光源色溫。色溫代表日光、鎢絲燈、螢光燈等光源的溫度。

校正綠色、洋紅的色偏問題，形成適當的白平衡。

曝光度是照射到 CCD 的光線量，依照光線量調整影像的亮度。

調整影像的對比。

不調暗陰暗部分，而是調整亮部的亮度。

不調亮陰暗部分，而是修復陰影的細節。

設定影像的白色比對範圍。

設定最後影像的哪個輸入色階變成黑色，提高黑色值，可以擴大比對範圍。

照片內的紋理部分套用銳利化或模糊效果。

讓影像變得更乾淨銳利。

減少雜訊量，同時清除朦朧。

根據色彩飽和度，以裁剪最小化的方式調整飽和度。

調整影像的飽和度。

利用各個標籤選取調整項目。

描述檔瀏覽器

編輯面板與其他校正項目

曲線

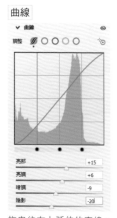

拖曳往右上延伸的直線，調整曲線。

細部

調整銳利化、雜訊減少、雜色減少。

色彩混合器

選取 HSL（色相、飽和度、明度）與「顏色」，調整影像內的各種色相。

顏色分級

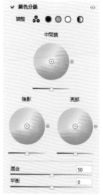

使用色輪調整陰影、中間調、亮部的色相。

光學

可以去除色差、扭曲、暈映，「修飾外緣」可以取樣、修改影像內的紫色或綠色色相。

幾何

調整各種類型的遠近法或色階。選取「限制裁切」，套用「幾何」調整後，可以立即刪除白邊。

效果

控制底片的顆粒感，調整裁切後的周圍光線量。

校正

使用的相機 Camera Raw 描述檔與實際的相機動作不一致時，可以利用這裡調整色調。

▌其他面板的設定項目

裁切面板

可以裁切影像，或旋轉後再裁切。

紅眼面板

可以移除人物或寵物的移除紅眼。

修復面板

使用「修復」或「仿製」筆刷修復影像。

快照面板

儲存已經執行的處理，可以回到之前的時間點。

遮色片面板

建立各個項目的遮色片，調整影像的明暗、色調。

建立遮色片時的面板

預設集面板

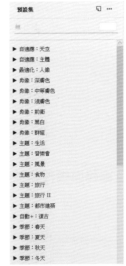

建立遮色片後會顯示面板，可以新增、刪除遮色片，變成清單。

> **TIPS** 以 **DNG** 格式存檔
>
> 在「儲存選項」對話框的「格式」，選取「**數位負片**」，能以 Raw 影像的標準格式存檔。每家相機廠牌都有自己獨家的 Raw 格式，有時可能無法支援，因此先以 DNG 格式存檔，就能隨時利用 Camera Raw 開啟檔案。

SECTION
14.2
Camera Raw
使用節率

使用 Camera Raw 顯像

以下將以數位相機拍攝的 Camera Raw 格式照片為例,調整其明暗、色偏、曝光度等基本校正。色溫的數值是以 K(kelvin)為單位,日光是 5500K、鎢絲燈是 3500 ～ 3000K,螢光燈是 4000K。

套用描述檔

使用 Camera Raw 開啟彩色的 Raw 檔案,在「描述檔」套用「**Adobe 顏色**」。

利用選單可以選取符合其他目的的描述檔,或按一下右邊的 ▦ 鈕,能從描述檔瀏覽器檢視選取。

從選單中選取描述檔　　　　　邊檢視邊選取

○ POINT

即使套用描述檔,也不會改變其他控制滑桿的值。

設定白平衡、色溫

在「Camera Raw」對話框中,「基本」的「白平衡」是在選單中選取拍攝環境,讓白色看起來白皙。「色溫」以 kelvin(K)為單位,數值愈小,愈偏藍色;數值愈大,愈偏紅色。

曝光度與對比

拍攝的照片因光線不足而顯得陰暗時,可以使用「曝光度」滑桿調整整個影像的亮度。

「對比」是亮度比中間調還陰暗的部分變得更暗,而亮度比中間調還明亮時,變得更亮。

○ POINT

「色偏」是指因光源而讓整張照片偏紅或偏藍,在日光燈下拍攝的照片常會發生色偏問題。

陰影與亮部

在「Camera Raw」對話框中提高曝光度與對比時，影像上過度曝光的部分會以紅色區域顯示**亮部剪裁指示器**，往左拖曳**「亮部」滑桿**，可以減少紅色區域，而**「白色」滑桿**可以讓整個影像變暗。

往左拖曳「亮部」滑桿，減少亮部剪裁指示器。

因為提高曝光度與對比而顯示亮部剪裁指示器。

同樣地，如果要減少曝光度調暗整個影像時，過暗的部分會以藍色區域顯示**陰影剪裁指示器**。此時，請往右拖曳「陰影」滑桿與「黑色」滑桿。

調整紋理、清晰度、細節飽和度

「紋理」可以讓肌膚、岩石、牆壁、樹皮、頭髮等細節變銳利或平滑，能調整人物的皺紋。

紋理：-81

紋理：+88

調整照片邊緣的對比，**增加影像的顏色深度**。降低**清晰度**時，影像會產生加上柔焦的效果。

清晰度：-81

清晰度：+88

一般「飽和度」是指顏色的強度，而**「細節飽和度」**是降低對高飽和度部分的影響，加強低飽和度部分的飽和度。

細節飽和度：-81

細節飽和度：+88

色彩混合器與顏色分級

色彩混合器分成 8 個色相，可以調整各個系統色的色相、飽和度、明度。在「顏色」先選取 8 個系統色，就能同時調整色相、飽和度、明度。

原始影像

在「色相」標籤拖曳想調整的顏色滑桿，設定顏色的強度。

顏色分級是依照中間調、陰影、亮部調整顏色方向的上色功能。下面的混合是調整各個領域的重疊多寡，平衡是調整陰影與亮部區域。

原始影像

在「色相」拖曳想更改的顏色滑桿，設定顏色強度。

使用遮色片調整

使用「遮色片」面板，可以利用主體、天空、筆刷、漸層、色域、明度等，在影像建立遮色片，改變各個設定值，能調整色色調與明暗。

選取主體

顏色範圍

選取天空

線性漸層

與 Lightroom 連動

同時使用 Photoshop 與 Lightroom 軟體的使用者，可以在 Photoshop 載入 Lightroom 的照片，執行合成等進階編輯，編輯後還能回到 Lightroom 整理、列印、分享作品。

在 Photoshop 開啟 Lightroom 照片

在 Photoshop 首頁的「**Lightroom 相片**」中，顯示了已同步的 Lightroom 相片、相簿的照片，在相片按兩下就會開啟 Camera Raw 對話框，你可以先調整再開啟相片，或直接開啟相片。

在 Lightroom 以 Photoshop 編輯

在 Lightroom 於縮圖按右鍵，執行「在 **Photoshop 中編輯**」，在 Lightroom Classic 執行「在應用程式中編輯 → 在 Adobe Photoshop 2023 中編輯」命令。

> **POINT**
>
> 在 Classic CC 會顯示對話框，你可以選擇是否要包含 Lightroom 的調整，作為複本開檔，或是不包含調整直接開啟影像，或是開啟原始影像。

在 Photoshop 使用「污點修復筆刷工具」清除貝殼再存檔。

檢視 Lightroom 的資料庫，可以看到以 Photoshop 修改後的影像縮圖（在 Lightroom 停駐化）。

> **POINT**
>
> 在 Photoshop 開啟中的檔案，執行「檔案→共用」命令，可以傳送至 Lightroom 相片。

在Lightroom按右鍵選取

在Lightroom Classic按右鍵選取

使用Photoshop的「污點修復筆刷工具」清除

Lightroom

Lightroom Classic

使用 Photoshop iPad 版

Photoshop 有 iPad 版 App，具備和 Photoshop 幾乎一樣的基本功能。外出或出差時，也可以在 iPad 使用 Photoshop，輕易處理 Photoshop 檔案。

Photoshop iPad 版的首頁畫面

啟動 Photoshop iPad 版時，顯示的首頁畫面如下所示。

顯示連線、離線、雲端文件的儲存狀態

首頁 — 首頁

教學課程 — 學習

直播或專案 — 探索

顯示雲端檔案 — 您的檔案

共用的雲端檔案 — 與您共用

顯示刪除的檔案 — 已刪除

在 iPad 上開始使用

Photoshop 已進化，支援觸控和 Apple Pencil。了解最愛工具的位置，以及觸控快捷鍵等新概念。

立即了解

新功能和即將推出的功能

檢視

最近使用

10-9-1
2023/5/22 上午10:36

5-7
2023/5/22 上午10:27

7-6-3
2023/5/22 上午8:38

7-6-2
2023/5/22 上午8:37

新建

匯入並開啟

顯示新建立的畫面

相片

檔案

相機

載入相片資料庫、檔案共用 App 影像、相機拍攝影像

設定應用程式

305

Photoshop iPad 版的編輯畫面

這是使用 Photoshop iPad 版開啟 Creative Cloud 檔案的畫面。上面有標題列，左邊是工具列，右邊是工作列。輕觸各列的按鈕，工具會顯示工具選項，而工作列會顯示各個工具的設定畫面。

標題列

工具列
- 移動工具
- 變形工具
- 選取工具
- 筆刷工具
- 橡皮擦工具
- 修復工具
- 調整工具
- 填色工具
- 裁切工具
- 文字工具
- 置入相片
- 滴管工具
- 前景色
- 切換前景色與背景色

背景色

工作列
- 精簡圖層檢視
- 詳細圖層檢視
- 圖層屬性
- 註釋
- 新增圖層
- 圖層可見度
- 增加圖層遮色片
- 新增剪裁遮色片
- 濾鏡和調整
- 其他圖層動作

可以鎖定、刪除圖層、設定圖層名稱、新增或拷貝調整圖層、轉換成智慧型物件等整合操作。

標題列

標題列包括 Photoshop 的檔案名稱、目前縮放等級、還原、取消復原、帳戶、傳送至等按鈕。

傳送至
整佈和轉存
社交媒體、其他格式

快速轉存
共用快照

直播
開始串流

回首頁

檔案名稱

按兩下顯示全螢幕，長按可以輸入比例

共用檔案

還原　取消復原

顯示比例

雲端文件的說明

說明

應用程式設定

TIPS　觸控快速鍵

使用觸控快速鍵，可以移動至選取工具的其他動作。觸控快速鍵在選取工具時，會在畫面中顯示圓形。

以筆刷工具長按圓形會變成橡皮擦工具，從圓形內部往外拖曳，可以當作次要快速鍵，變成滴管工具。

擦除

快速鍵的功能名稱

觸控快速鍵

共用文件

應用程式設定

▌工具選項

選取各個工具，工具右邊會顯示工具選項。例如「筆刷工具」 ✎ 或「橡皮擦工具」 ♦ 等以拖曳方式繪圖的系統工具，可以邊選取筆刷顏色、粗細、模糊邊繪圖。

▌選取子工具

右下方有 ◢ 標記的工具含有子工具。**長按工具可以選取子工具。**

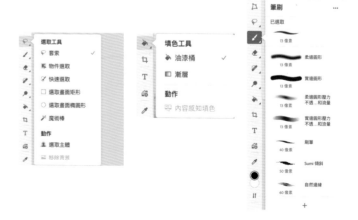

顯示圖層與顯示屬性

右側的工作列可以執行圖層操作。檢視圖層階層，包括以縮圖顯示圖層的**精簡圖層檢視**，以及同時顯示圖層名稱的**詳細圖層檢視**。輕觸「**圖層屬性**」即可顯示各個種類的圖層屬性。文字圖層會顯示格式，調整圖層會顯示各個調整項目，影像圖層是顯示不透明度、混合模式、轉換成智慧型物件、尺寸等，可以從中進行設定。

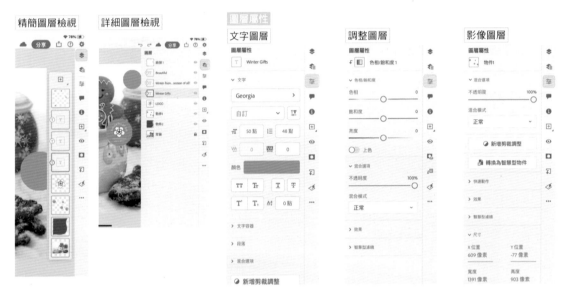

輸入文字

使用「文字工具」T 建立文字圖層輸入文字。以「文字工具」輕觸顯示鍵盤，即可輸入內容。

結束輸入後，隱藏鍵盤，以圖層屬性設定格式（字體大小、顏色等）。

● 輸入文字
拖曳可以移動輸入的文字
❸ 在屬性設定文字格式
❷ 輕觸顯示鍵盤

○ POINT

iPad 版無法輸入垂直文字（撰寫本書時）。桌面版建立的文件可以顯示垂直文字框。

○ POINT

和桌面版一樣，輕觸「文字工具」T 再輸入，會顯示成點狀文字，拖曳決定區域再輸入，即可形成段落文字。

○ POINT

如果要修改文字，選取要修改的文字圖層，使用「文字工具」T 在文字上輕觸，可以刪除文字或選取修改內容。

操作圖層遮色片

在圖層上的影像建立選取範圍後，按一下工作列的「增加圖層遮色片」，在圖層加上遮色片圖示，選取範圍之外的部分會用遮色片隱藏起來。

---

① 建立選取範圍

開啟影像，建立選取範圍。這個範例是在「選取工具」的子工具中，選擇「選取主體」。

---

② 輕觸「圖層遮色片」

輕觸工作列的「圖層遮色片」鈕，或建立選取範圍時，顯示下方的「圖層遮色片」選項鈕。

---

③ 遮住選取範圍

除了以遮色片建立的選取範圍，其餘圖層影像會被隱藏。

TIPS **隱藏圖層遮色片**

選取圖層遮色片所在的圖層，工具列會顯示「切換圖層遮色片」鈕 。每次輕觸，可以暫時隱藏或顯示圖層遮色片。

增加調整圖層

如果要增加調整圖層，在精簡圖層檢視輕觸 ⊞ 鈕，或在詳細圖層檢視輕觸工具列最下面的 ⋯ 鈕，接著輕觸「增加調整圖層」，再輕觸調整項目（這個範例是指曝光度）。在各個調整畫面中進行設定。

轉存成各種格式

輕觸工作列的「傳送至」鈕可以傳送製作的影像或設計。

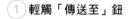

① 輕觸「傳送至」鈕

輕觸工作列的「傳送至」鈕 ⬆ ，再輕觸「發佈和轉存」。接著設定影像格式、檔案大小，再輕觸「轉存」。

② 選取傳送方法

輕觸選取簡訊、電子郵件、Twitter、儲存影像、列印等傳送方法，顯示該方法的畫面，可以傳送或列印影像。

15

利用偏好設定與顏色設定
打造方便的使用環境

設定成方便使用 Photoshop 的環境，能大
幅提升工作效率。
你也可以自訂快速鍵、選單、工具，調整
成符合個人使用的狀態。

SECTION

15.1

使用頻率

偏好設定概要

設定 Photoshop 的使用環境

如果要在 Photoshop 執行各種操作，請先執行「編輯→偏好設定」命令，Mac 是執行「Photoshop →偏好設定」命令，完成與 Photoshop 操作有關的設定。

▌執行「一般」偏好設定

「一般」是執行與整個 Photoshop 有關的各種偏好設定，包括檢色器、影像內插補點、縮放時是否調整視窗大小、是否允許以滾輪縮放。

▶檢色器

檢色器可以選取「Adobe」（預設值）或「Windows」其中一種格式。

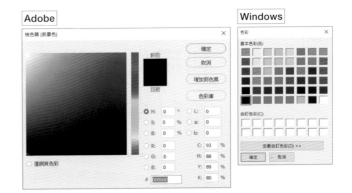

▶HUD 檢色器

HUD 檢色器（請參考 162 頁）是在選取繪圖類工具的狀態下，可以用快速鍵呼叫出來的檢色器（需在偏好設定開啟「使用圖形處理器」）。快速鍵是 Alt + Shift + 按右鍵（Mac 是 control + option + ⌘），透過選單可以選取 HUD 檢色器的形狀與大小。

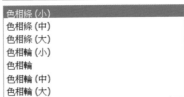

檢色器的形狀與大小
色相條 (小)
色相條 (中)
色相條 (大)
色相輪 (小)
色相輪 (中)
色相輪 (大)

▶影像內插補點

更改影像的解析度（請參考 46 頁），執行縮放、變形時，影像內的像素數會產生變化。利用影像內插補點設定像素與其他像素合併，或取代時的轉換方法。

執行速度最快，但是影像畫質變差的程度也很明顯，
變形、縮放影像時，會出現明顯鋸齒。

這是可以平均周圍像素，獲得標準畫質的方法，但是畫質變差的程度比環迴增值法明顯。

處理速度慢，但是畫質細緻，漸層顯得平滑。

增加影像的像素數時，可以得到優秀的平滑結果。

優點是即使縮小「銳利化」影像，也可以保留細節。

這是預設值，雖然處理時間長，卻是影像劣化程度最低的方法。

▶ 選項

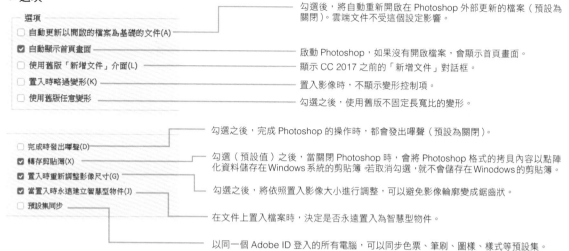

勾選後，將自動重新開啟在 Photoshop 外部更新的檔案（預設為關閉）。雲端文件不受這個設定影響。

啟動 Photoshop，如果沒有開啟檔案，會顯示首頁畫面。

顯示 CC 2017 之前的「新增文件」對話框。

置入影像時，不顯示變形控制項。

勾選之後，使用舊版不固定長寬比的變形。

勾選之後，完成 Photoshop 的操作時，都會發出嗶聲（預設為關閉）。

勾選（預設值）之後，當關閉 Photoshop 時，會將 Photoshop 格式的拷貝內容以點陣化資料儲存在 Windows 系統的剪貼簿，若取消勾選，就不會儲存在 Winodows 的剪貼簿。

勾選之後，將依照置入影像大小進行調整，可以避免影像輪廓變成鋸齒狀。

在文件上置入檔案時，決定是否永遠置入為智慧型物件。

以同一個 Adobe ID 登入的所有電腦，可以同步色票、筆刷、圖樣、樣式等預設集。

TIPS 快速切換標籤

[Ctrl] +1	一般
[Ctrl] +2	介面
[Ctrl] +3	工作區
[Ctrl] +4	工具
[Ctrl] +5	步驟記錄
[Ctrl] +6	檔案處理
[Ctrl] +7	轉存
[Ctrl] +8	效能
[Ctrl] +9	暫存磁碟
[Ctrl] +0	游標

TIPS 偏好設定的快速鍵

按下 [Ctrl] + [K] 鍵，顯示「偏好設定」對話框的「一般」。

按下 [Ctrl] + [Alt] + [K] 鍵，顯示上次使用的對話框。

啟動 Photoshop 後，按下 [Shift] + [Alt] + [Ctrl]，偏好設定將恢復成預設狀態。

「介面」偏好設定

設定顏色主題、螢幕模式的顏色、邊界、介面的文字顯示方法。

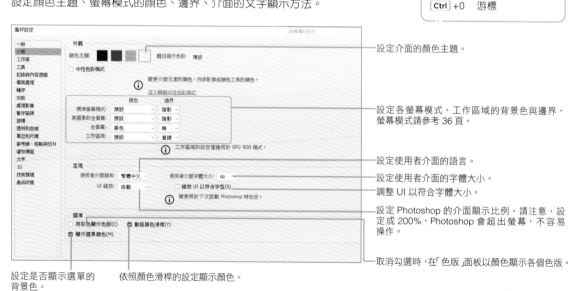

設定介面的顏色主題。

設定各螢幕模式、工作區域的背景色與邊界，螢幕模式請參考 36 頁。

設定使用者介面的語言。

設定使用者介面的字體大小。

調整 UI 以符合字體大小。

設定 Photoshop 的介面顯示比例。請注意，設定成 200%，Photoshop 會超出螢幕，不容易操作。

取消勾選時，在「色版」面板以顏色顯示各個色版。

設定是否顯示選單的背景色。

依照顏色滑桿的設定顯示顏色。

313

▌「工作區」偏好設定

設定面板、標籤、選項列的顯示方法。

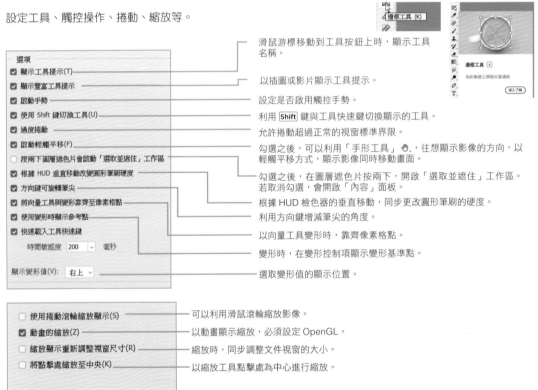

在 Photoshop 按一下其他地方，開啟中的面板會變成圖示。

當滑鼠移入時，顯示隱藏的面板。

以標籤整合開啟的「新文件」。

拖曳分離的視窗，能與其他視窗合併為標籤。

設定檔案的標籤高度。

根據作業系統的設定，對齊 Windows10 以上版本的使用者介面，包括選單等。

調整成適合小螢幕的選項列。

▌「工具」偏好設定

設定工具、觸控操作、捲動、縮放等。

滑鼠游標移動到工具按鈕上時，顯示工具名稱。

以插圖或影片顯示工具提示。

設定是否啟用觸控手勢。

利用 Shift 鍵與工具快速鍵切換顯示的工具。

允許捲動超過正常的視窗標準界限。

勾選之後，可以利用「手形工具」 ，往想顯示影像的方向，以輕觸平移方式，顯示影像同時移動畫面。

勾選之後，在圖層遮色片按兩下，開啟「選取並遮住」工作區。若取消勾選，會開啟「內容」面板。

根據 HUD 檢色器的垂直移動，同步更改圓形筆刷的硬度。

利用方向鍵增減筆尖的角度。

以向量工具變形時，靠齊像素格點。

變形時，在變形控制項顯示變形基準點。

選取變形值的顯示位置。

可以利用滑鼠滾輪縮放影像。

以動畫顯示縮放，必須設定 OpenGL。

縮放時，同步調整文件視窗的大小。

以縮放工具點擊處為中心進行縮放。

▌「步驟記錄」偏好設定

設定執行操作的步驟記錄儲存位置以及記錄項目。「中繼資料」是以嵌入影像檔案的方式儲存步驟記錄。選取「文字檔案」時，按一下「選擇」鈕可以設定儲存位置。

「編輯記錄項目」的「僅限工作階段」是每次啟動、結束 Photoshop 時，只記錄檔案名稱不記錄編輯資料。「簡要」除了工作階段的資料之外，還記錄顯示在「步驟記錄」面板的文字。「詳細」除了「簡要」的部分之外，也記錄顯示在「動作」面板的文字。

「檔案處理」偏好設定

在 Photoshop 執行操作時，先設定與存檔有關的偏好設定，後面的操作會比較輕鬆。

執行「編輯（Mac 為「Photoshop」選單）→偏好設定→**檔案處理**」命令。

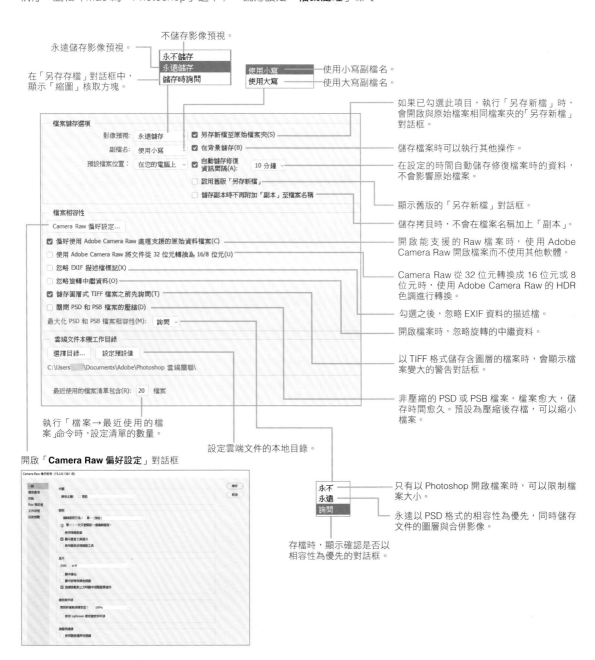

永遠儲存影像預視。

不儲存影像預視。

永不儲存
永遠儲存
儲存時詢問

在「另存存檔」對話框中，顯示「縮圖」核取方塊。

使用小寫 ── 使用小寫副檔名。
使用大寫 ── 使用大寫副檔名。

如果已勾選此項目，執行「另存新檔」時，會開啟與原始檔案相同檔案夾的「另存新檔」對話框。

儲存檔案時可以執行其他操作。

在設定的時間自動儲存修復檔案時的資料，不會影響原始檔案。

顯示舊版的「另存新檔」對話框。

儲存拷貝時，不會在檔案名稱加上「副本」。

開啟能支援的 Raw 檔案時，使用 Adobe Camera Raw 開啟檔案而不使用其他軟體。

Camera Raw 從 32 位元轉換成 16 位元或 8 位元時，使用 Adobe Camera Raw 的 HDR 色調進行轉換。

勾選之後，忽略 EXIF 資料的描述檔。

開啟檔案時，忽略旋轉的中繼資料。

以 TIFF 格式儲存含圖層的檔案時，會顯示檔案變大的警告對話框。

非壓縮的 PSD 或 PSB 檔案，檔案愈大，儲存時間愈久。預設為壓縮後存檔，可以縮小檔案。

執行「檔案→最近使用的檔案」命令時，設定清單的數量。

設定雲端文件的本地目錄。

開啟「Camera Raw 偏好設定」對話框

永不
永遠
詢問

只有以 Photoshop 開啟檔案時，可以限制檔案大小。

永遠以 PSD 格式的相容性為優先，同時儲存文件的圖層與合併影像。

存檔時，顯示確認是否以相容性為優先的對話框。

「轉存」偏好設定

設定快速轉存格式、轉存位置、中繼資料、色域（請參考 273 頁）。

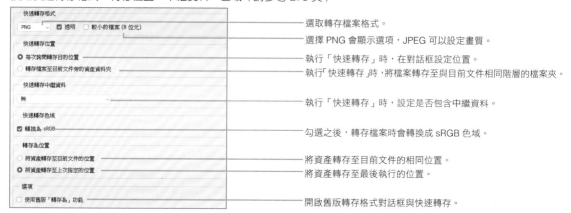

選取轉存檔案格式。

選擇 PNG 會顯示選項，JPEG 可以設定畫質。

執行「快速轉存」時，在對話框設定位置。

執行「快速轉存」時，將檔案轉存至與目前文件相同階層的檔案夾。

執行「快速轉存」時，設定是否包含中繼資料。

勾選之後，轉存檔案時會轉換成 sRGB 色域。

將資產轉存至目前文件的相同位置。

將資產轉存至最後執行的位置。

開啟舊版轉存格式對話框與快速轉存。

「效能」偏好設定

「效能」可以設定記憶體、步驟記錄與快取、圖形處理器。這裡的設定會影響 Photoshop 的處理速度。

「記憶體使用情形」能設定 Photoshop 可以使用的最大記憶體。更改設定後，請重新啟動 Photoshop。

勾選後，可以使用旋轉檢視工具、像素格點、輕觸平移、拖曳縮放、HUD 檢色器、版面上調整筆刷尺寸、毛刷尖預視、最適化廣角、光源效果收藏館等擴充功能。

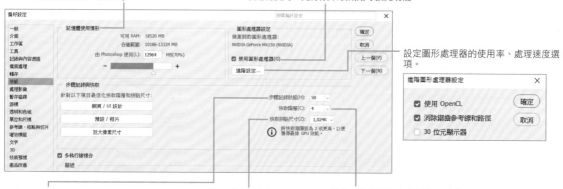

設定圖形處理器的使用率、處理速度選項。

輸入在「步驟記錄」面板中可以回溯的數值。

快取拼貼尺寸愈大，大型影像的處理速度愈快。

已執行過畫面顯示的影像，會儲存在稱作快取的記憶區域，可以提高再次顯示時的速度。
輸入 1～8 的整數，數值愈大，快取階層愈高，快取容量愈大。

「暫存磁碟」偏好設定

「暫存磁碟」是設定當作虛擬磁碟機，給 Photoshop 使用的記憶體。

勾選暫存磁碟使用的磁碟機。磁碟機 1 預設為 Windows 系統所在的磁碟機。處理大型檔案時，先設定成高速磁碟機，效果比較好。

「游標」偏好設定

設定游標的形狀、筆刷編輯預視使用的顏色。

▶ 繪圖游標

設定使用「橡皮擦工具」 ✎.、「鉛筆工具」 ✐.、「筆刷工具」 ✐.、「仿製印章工具」 ♣.、「圖樣印章工具」 ✲♣.、「指尖工具」 ✐.、「模糊工具」 ◊.、「銳利化工具」 △.、「加亮工具」 ♪.、「加深工具」 ☜.、「海綿工具」 ●. 時的游標形狀。

「標準」是顯示和工具圖示相同形狀的游標。

「精確」是十字形游標，適合精細的繪圖操作。

「筆尖（正常、全尺寸、十字）」會顯示成「筆刷」面板設定的游標大小。勾選「在平滑化時顯示筆刷圈繩」之後，在設定筆刷的平滑化選項時，會顯示參考線。

▶ 其他游標

設定「矩形選取畫面工具」 □.、「套索工具」 ◯.、「多邊形套索工具」 ▷.、「魔術棒工具」 ✐.、「裁切工具」 ┗.、「滴管工具」 ✐.、「筆型工具」 ◊.、「油漆桶工具」 ◇.等的形狀。

「標準」是顯示和工具圖示相同形狀的游標。

「精確」適合以游標執行細節操作。

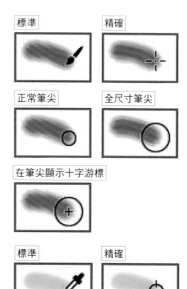

「透明和色域」偏好設定

設定透明部分的格點尺寸、格點顏色、色域警告顏色。

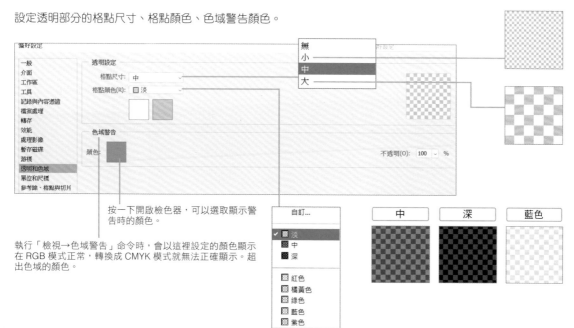

按一下開啟檢色器，可以選取顯示警告時的顏色。

執行「檢視→色域警告」命令時，會以這裡設定的顏色顯示在 RGB 模式正常，轉換成 CMYK 模式就無法正確顯示。超出色域的顏色。

「單位和尺標」偏好設定

設定尺標單位、建立新影像時的解析度預設集、欄線寬度與間距、point/pica 的大小。

選取尺標與文字的單位。 | 設定「新增文件」對話框「預設集」的列印與螢幕解析度預設值。

執行「檔案→開新檔案」命令，建立新影像時，可以在影像寬度選取「欄線」。選取欄線之後，會在新影像套用這裡設定寬度及間距的欄線尺寸。

如果要使用分配給 DTP 軟體的 PostScript 時，請選取「PostScript」。

「增效模組」偏好設定

設定產生器增效模組、遠端連線、濾鏡、延伸功能面板。

在「濾鏡」選單中，顯示所有濾鏡收藏館名稱。取消勾選時只顯示「濾鏡收藏館」。

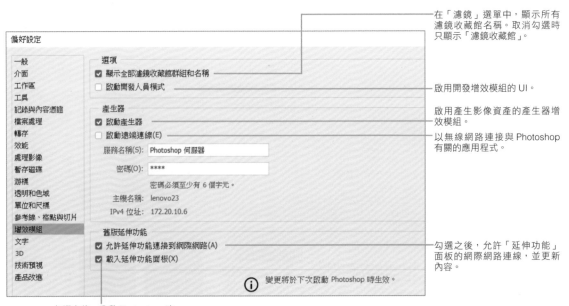

啟用開發增效模組的 UI。

啟用產生影像資產的產生器增效模組。

以無線網路連接與 Photoshop 有關的應用程式。

勾選之後，允許「延伸功能」面板的網際網路連線，並更新內容。

勾選之後，啟動 Photoshop 時，載入已經安裝的「延伸功能」面板。

▌「文字」偏好設定

可以執行與「字元」面板有關的設定，包括智慧型引號、中文選項、以英文顯示字體名稱、預視字體等。

設定以文字工具輸入內容時，是否使用左右引號。

勾選之後，開啟檔案時，若找不到文件內的字體，自動替代成適合的字體。

以英文顯示中文字體名稱。

可以使用 [Esc] 鍵確認輸入文字。

以文字圖層顯示字符替代字。

使用文字工具按一下時，顯示預留位置文字。

設定最近使用的字體欄內顯示的數量。

▌「技術預視」偏好設定。

讓您探索並體驗 Photoshop 尚未正發表的最新工具和技術。

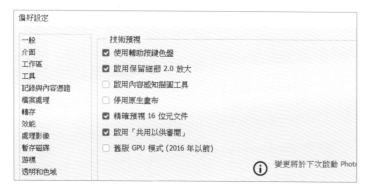

> **⊘POINT**
>
> macOS 版本有「增強控制項」偏好設定，利用「顯示 Touch Bar 屬性調整」，在 Touch Bar 的屬性調整更改畫面上的回饋。

SECTION

15.2

使用頻率

鍵盤快速鍵、工具列、選單設定

自訂鍵盤、選單、工具

在 Photoshop 可以為常用的選單設定鍵盤快速鍵，隱藏不常用的選單，設定顏色，還能隱藏工具列中不需要的工具。

設定鍵盤快速鍵

執行「編輯→鍵盤快速鍵」命令，可以自訂方便個人使用的**選單命令或工具的鍵盤快速鍵**。

選取你想調整的快速鍵，輸入實際要使用的按鍵，更改後的快速鍵可以命名儲存成組合。

自訂選單

執行「編輯→選單」命令（ Alt ＋ Shift ＋ Ctrl ＋ [M]），可以**設定選單項目的可見度以及顏色**。

按一下 👁 鈕，即可切換選單項目的可見度。在下拉式選單中，選取你想設定的顏色，即可套用顏色。

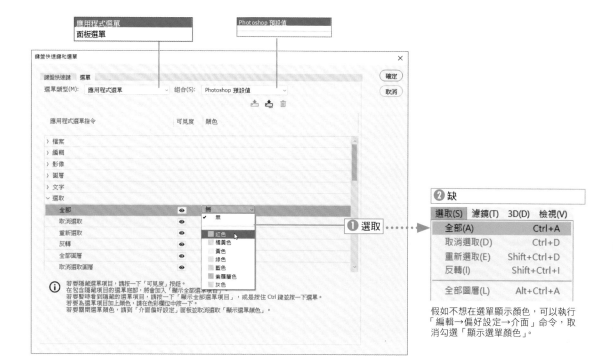

自訂工具列

執行「編輯→工具列」命令,可以把**工具列中使用頻率較低的工具隱藏起來**。將左邊的工具拖曳到右邊的「輔助項目工具」清單即可隱藏。

此外,也可以設定顯示/隱藏前景色/背景色、快速遮色片模式、螢幕模式的工具。

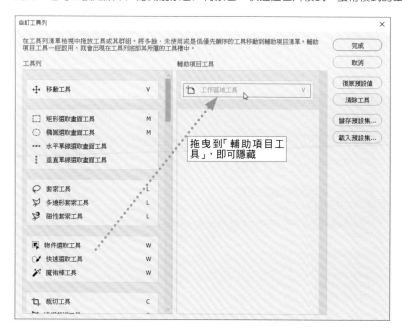

在 Photoshop 執行正確的顏色設定

Photoshop 提供了色彩管理功能,可以調整 Photoshop 專用及以 ICC 為基準的螢幕或印表機等裝置之間的顏色。Photoshop 在「顏色設定」定義了 RGB、CMYK、灰階的色域。

顏色設定

執行「編輯→顏色設定」命令(Ctrl + Shift + [K]),開啟「顏色設定」對話框,這裡可以**分別執行 RGB、CMYK、灰階等顏色設定**。

在 Adobe Bridge 執行顏色設定,可以在 Creative Cloud 套用統一的設定(請參考 343 頁)。

> ⊙ POINT
>
> 即使「**使用中色域**」
> 沒有進行色彩管理,
> 也可以先設定,以比
> 對顏色。

選取預設集

你可以使用 Photoshop 事先準備的設定,讓網頁設計或商業印刷產生一致的顏色。按一下最上面的「設定」下拉式選單,可以從中選取預設集。選取不同預設集時,會自動設定各個設定值,預設為「日本一般目的 2」。

商業印刷選取「日式印前作業 2」,先設定是否嵌入符合色彩管理原則的描述檔。

這是適合製作影片、螢幕顯示內容時的顏色設定。
這是適合日本一般畫面顯示與印刷用的顏色設定,不會顯示色彩描述檔的警告訊息。
這是適合網頁等非印刷用內容時的設定,RGB 會轉換成 sRGB。

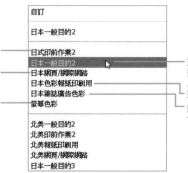

這是適合日本一般四色印刷的顏色設定,可以維持 CMYK 值,並視狀況顯示色彩描述檔的警告訊息。
這是日本報紙印刷的設定。
這是對應日本雜誌廣告基準色(JMPA 色彩)的顏色設定。

使用中色域

使用中色域是在 Photoshop 顯示、編輯影像時使用的預設描述檔，這裡定義了各個色彩模式的預設色域。選取「設定」預設集會自動定義使用中色域。

▶ RGB 使用中色域

在「RGB」設定顯示在螢幕的 RGB 影像描述檔。假設這裡選取「Adobe RGB（1998）」，就會以「Adobe RGB（1998）」色域顯示 RGB 影像。

可以顯示大部分的 RGB 色域，適合用於色彩豐富的印刷。

這是反映了 Macintosh 13 吋螢幕特性的色域。如果你使用的是 Photoshop4.0 之前的版本，請使用這個設定。

這是反映了 Windows 環境通用螢幕特性的設定，適合用於網頁等使用者較多的情況。

▶ CMYK 使用中色域

在 CMYK 設定**以 CMYK 四色將 RGB 顏色分版的方式**。理論上，能以 CMY 三個色版呈現印刷色，但是一般會加上油墨，以四個版印刷。

商用印刷可以選擇「Japan Color 2001 Coated」（銅版紙）、「Japan Color 2001 Uncoated」（非銅版紙）、「Japan Color 2002 NewsPaper」（報紙印刷）、「Japan Web Coated」（輪轉印刷機用）。

選取「自訂 CMYK」時，必須執行 CMYK 分版時的設定，如下一頁的說明。

在「設定」預設集選取「日式印前作業 2」會選取「Japan Color 2001 Coated」。

TIPS　色彩管理

以相同的掃描器掃描同一份原稿顯示在不同的螢幕上時，會發生顏色不一致的問題。色彩管理系統（CMS）是比較建立顏色與輸出顏色時的色域，讓各種裝置（機器）可以顯示、輸出相同顏色的系統。

Photoshop 的色彩管理工作流程符合 ICC（International Color Consortium）制定的規定，進行色彩管理時，必須統一管理輸入、顯示（螢幕）、輸出的裝置與描述檔，如果無法做到，使用色彩管理時，可能會出現輸出錯誤，所以建議最好不要進行色彩管理。

自訂 CMYK 設定

在「CMYK」下拉式選單，選取「自訂 CMYK」，可以自訂 CMYK 的油墨特性、分色設定。

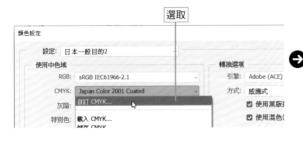
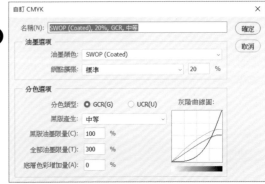

如果缺乏專業知識就進行設定，不僅達不到需求的目的，還可能出現問題，最好是能與具專業知識的印刷業者討論後再行設定，才能確保設定之正確性。

▶ 油墨選項

「**油墨顏色**」的預設值是「SWOP（Coated）」，可以輸出高品質的分色。油墨顏色會隨著紙張而出現微妙變化，如果已經**清楚知道印刷影像使用的紙張與環境**，請從中選擇適合的選項。

「**網點擴張**」是指紙張吸收油墨時的滲透或擴散狀態，換句話說，膠片上的網點與實際印刷時的網點，兩者的差異就是網點擴張。這個值與「油墨顏色」選取的項目連動。

▶ 分色選項

「**分色選項**」是 RGB 轉換成 CMYK 時使用的設定項目，亦即將 RGB 的三個參數轉換成 CMYK 四個參數的設定。分色類型包括「GCR」（Gray Component Replacement）與「UCR」（Under Color Removal）等兩種。GCR 會以K 色版取代無彩色及影像內的灰色或接近暗沉的灰色。

UCR 會把影像內完全沒有彩度的部分（C、M、Y 的量為相同範圍）取代成 K 色版，以少量油墨加深陰暗部分的深度，預設為 GCR。

「**黑版產生**」可以選取「輕微」、「中等」、「厚重」、「最大」，設定**黑版的使用程度**。更改選取項目時，右邊的灰階曲線圖也會同時改變。一般設定為「中等」，如果只想把黑色分成黑版，請設定為「最大」。

「**黑版油墨限量**」是黑版為 100% 時，設定限制黑版的程度。

「**全部油墨限量**」是 CMYK 分別為 100% 的資料時，設定限制油墨的使用量。Japan Color 2001 Coated 是設定成限制為 300%。

「**底層色彩增加量**」請與具有專業知識的業者討論後再設定。

色彩管理策略

在「色彩管理策略」中，以 Photoshop 開啟嵌入描述檔的檔案時，可以設定**保留或捨棄描述檔**。

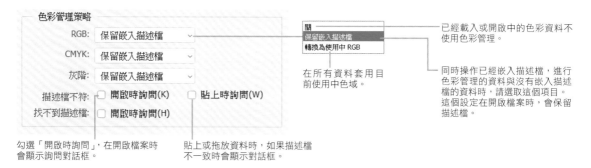

已經載入或開啟中的色彩資料不使用色彩管理。

在所有資料套用目前使用中色域。

同時操作已經嵌入描述檔，進行色彩管理的資料與沒有嵌入描述檔的資料時，請選取這個項目。這個設定在開啟檔案時，會保留描述檔。

勾選「開啟時詢問」，在開啟檔案時會顯示詢問對話框。

貼上或拖放資料時，如果描述檔不一致時會顯示對話框。

CHAPTER 15　打造方便的使用環境

TIPS　**在 Adobe Bridge 的顏色設定**

在 Adobe Bridge 執行「編輯→顏色設定」命令，可以利用 Creative Cloud（Photoshop、Illustrator、InDesign、Dreamweaver 等 ） 統一執行顏色設定。透過 Bridge 傳遞資料時，可以維持顏色的一致性。如果沒有同步，在各個應用程式的「顏色設定」對話框中，會出現不同步的警告訊息。

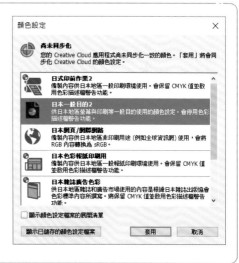

混合模式清單

混合模式是當一個影像上覆蓋其他影像時，
如圖層、以筆刷繪圖、填滿等，以上方像素
為基準，規定與下方向素的關係。
以下將以兩個圖層為例，更改上方圖層的混
合模式，說明混合後的顯示結果。

● 正常

使用上方圖層或筆刷時，會直接顯示
筆刷的前景色，這是建立圖層時，或
以筆刷填滿時的預設值。

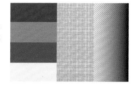

● 加深顏色

根據各個色版的顏色資料，變暗下方
影像的基本色彩，合成上方影像的混
合色彩，調整色調與亮度。

● 溶解

在消除鋸齒的部分加上溶解效果。不
透明度的設定值低於 100 時，將根據
該值隨機套用溶解效果，右圖為不透
明度設定為 70% 的狀態。

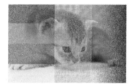

● 線性加深

根據各個色版內的顏色資料，調暗基
本色彩，降低亮度，呈現混合色彩。
以白色混合時，不會有任何變化。

● 下置

「背景」無法套用圖層合成效果，但是
利用筆刷或填滿，可以只對圖層的透
明部分套用效果，右圖套用了筆刷工
具。

● 顏色變暗

比較所有色版的合計值，顯示數值較
低者的顏色。

● 清除

這是可以利用「筆刷工具」、「填滿」、
「筆畫」命令以及「油漆桶工具」套用
的模式，套用的部分會變成透明。

● 變亮

比較各個色版的基本色彩與混合色
彩，把明亮色當作結果色彩顯示。

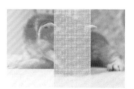

● 變暗

比較各個色版的基本色彩與混合色
彩，把暗色當作結果色彩顯示。

● 濾色

套用與色彩增值相反的效果，在下方
基本像素的相反色乘以上方相反色的
像素。如果上方向素為白色，結果會
變白，若是黑色則不會出現變化。

● 色彩增值

下方的基本像素乘以上方像素，使影
像變暗，就像把底片疊在一起，影像
會變暗的道理一樣。

● 加亮顏色

根據各個色版的顏色資料，調亮下方
的基本色彩，合成上方的混合色彩，
調整色調與亮度。

● 線性加亮（增加）

根據各個色版內的顏色資料，讓基本色彩變亮，增加亮度，反映出混合色彩。

● 實色疊印混合

比較混合色彩與基本色彩，根據亮度高低調整基本色彩的顏色。

● 顏色變亮

比較所有色版的合計值，顯示數值較高的顏色。

● 差異化

比較各個色版的基本色彩與混合色彩，明亮的像素值減去陰暗的像素值，把兩者差異的絕對值當作結果色彩顯示。

● 覆蓋

下方基本色彩的亮度高於 51% 時，套用色彩增值混合模式，低於 50% 時，套用濾色混合模式。

● 排除

基本上，效果與差異化一樣，但是呈現結果比較柔和。

● 柔光

混合色彩（上方圖層）比 50% 灰階明亮時，用相同顏色調亮，比 50 灰階陰暗時，用相同顏色調暗，就像使用色彩加深工具一樣。

● 減去

根據各個色版的資料，從基本色彩減去混合色彩。

● 實光

混合色彩（上方圖層）比 50% 灰階明亮時，套用濾色混合模式，比 50% 灰階陰暗時，套用色彩增值混合模式。

● 分割

根據各個色版的資料，從基本色分割混合色彩。

● 強烈光源

根據混合色彩增加或減少對比，加深或加亮顏色。

● 色相

將基本色彩的明度與飽和度對照混合色彩的色相，再當作結果色彩顯示。

● 線性光源

根據混合色彩減少或增加亮度，加深或加亮顏色。

● 飽和度

將基本色彩的明度與色相對照混合色彩的飽和度，再當作結果色彩顯示。

● 小光源

根據混合色彩替代顏色。

● 顏色

將基本色彩的明度對照混合色彩的色相與飽和度，再當作結果色彩顯示。

● 明度

將基本色彩與飽和度對照混合色彩的明度，再當作結果色顯示。

快速鍵清單

▶ 常用的省時快速鍵

功能	Win	Mac
開新檔案	Ctrl + N	⌘ + N
儲存檔案	Ctrl + S	⌘ + S
列印	Ctrl + P	⌘ + P
還原	Ctrl + Z	⌘ + Z
重做	Ctrl + Shift + Z	⌘ + shift + Z
拷貝	Ctrl + C	⌘ + C
貼上	Ctrl + V	⌘ + V
剪下	Ctrl + X	⌘ + X
任意變形	Ctrl + T	⌘ + T
建立新圖層	Ctrl + Shift + N	⌘ + shift + N
建立新群組	Ctrl + G	⌘ + G
暫時切換成縮放工具	Ctrl + Space	⌘ + space

▶ 基本操作的快速鍵

功能	Win	Mac
開啟舊檔	Ctrl + O（オー）	⌘ + O（オー）
依照標籤順序切換顯示中的檔案	Ctrl + Tab	⌘ + tab
另存新檔	Ctrl + Shift + S	⌘ + shift + S
儲存為網頁用	Ctrl + Alt + Shift + S	⌘ + option + shift + S
關閉檔案	Ctrl + W	⌘ + W
全部關閉	Ctrl + Alt + W	⌘ + option + W
列印	Ctrl + P	⌘ + P
結束Photoshop	Ctrl + Q	⌘ + Q

▶ 編輯使用的快速鍵

功能	Win	Mac
切換前景和背景色	X	X
預設的前景和背景色	D	D
以快速遮色片模式編輯	Q	Q

▶ 操作影像使用的快速鍵

功能	Win	Mac
開啟「影像尺寸」對話框	Ctrl + Alt + I	⌘ + option + I
開啟「版面尺寸」對話框	Ctrl + Alt + C	⌘ + option + C
自動色調	Ctrl + Shift + L	⌘ + shift + L
自動對比	Ctrl + Shift + Alt + L	⌘ + shift + option + L
自動色彩	Ctrl + Shift + B	⌘ + shift + B

▶ 操作圖層使用的快速鍵

功能	Win	Mac
選取全部圖層	Ctrl + Alt + A	⌘ + option + A
向下合併圖層	Ctrl + E	⌘ + E
合併可見圖層	Ctrl + Shift + E	⌘ + shift + E
在顯示圖層下方插入新圖層	Ctrl + 按一下「建立新圖層」鈕	⌘ + 按一下「建立新圖層」鈕
選取最上方圖層	Alt + .	option + .
選取最下方圖層	Alt + ,	option + ,
選取上一個／下一個圖層	Alt + [/]	option + [/]
上移／下移選取中的圖層	Ctrl + [/]	⌘ + [/]
圖層移至最上／最下方	Ctrl + Shift + [/]	⌘ + shift + [/]
隱藏其他圖層	Alt + 按一下眼睛圖示	option + 按一下眼睛圖示
隱藏圖層樣式	Alt + 圖層效果名稱按兩下	option + 圖層效果名稱按兩下
啟用／解除圖層遮色片	Shift + 按一下圖層遮色片縮圖	shift + 按一下圖層遮色片縮圖
建立／取消剪裁遮色片	Ctrl + Alt + G	⌘ + option + G
建立剪裁遮色片	Alt + 按一下圖層分割線	option + 按一下圖層分割線
建立隱藏整體／選取範圍的遮色片	Alt + 按一下「增加圖層遮色片」鈕	option + 按一下「增加圖層遮色片」鈕

▶ 選取操作使用的快速鍵

功能	Win	Mac
選取全部	Ctrl + A	⌘ + A
取消選取範圍	Ctrl + D	⌘ + D
重新選取	Ctrl + Shift + D	⌘ + shift + D
增加選取範圍	Shift + 拖曳	shift + 拖曳
從選取範圍中減去	Alt + 拖曳	option + 拖曳
反轉選取範圍	Ctrl + Shift + I	⌘ + shift + I
將選取範圍拷貝至新圖層	Ctrl + J	⌘ + J
建立圓形或正方形選取範圍	Shift + 拖曳	shift + 拖曳
從中心建立選取範圍	Alt + 拖曳	option + 拖曳

▶ 顯示影像的快速鍵

功能	Win	Mac
移動畫布	Space + 拖曳	space + 拖曳
顯示為100%	Ctrl + 1	⌘ + 1
符合影像尺寸	Ctrl + 0	⌘ + 0
放大顯示影像	Ctrl + +	⌘ + +
縮小顯示影像	Ctrl + +	⌘ + -
暫時切換成縮放顯示工具(縮小)	Alt + Space	option + space
以滑鼠游標縮放	Alt + 滾動滑鼠滾輪	option + 滾動滑鼠滾輪
顯示尺標	Ctrl + R	⌘ + R
靠齊	Ctrl + Shift + :	⌘ + shift + :
鎖定參考線	Alt + Ctrl + :	option + ⌘ + :

▶ 切換工具使用的快速鍵

功能	Win	Mac
移動工具	V	V
選取工具	M	M
選取物件工具(快速選取工具／魔術棒工具)	W	W
裁切工具	C	C
滴管工具	I	I
筆刷工具	B	B
仿製印章工具	S	S
橡皮擦工具	E	E
漸層工具(油漆桶工具)	G	G
加亮工具(加深工具)	O	O
筆型工具	P	P
水平文字工具(垂直文字工具)	T	T
路徑選取工具(直接選取工具)	A	A
矩形工具(橢圓工具)	U	U
手形工具	H	H
縮放顯示工具	Z(+ Alt 縮小)	Z(+ option 縮小)
選取工具切換成移動工具	Ctrl	⌘

職人必備技！Photoshop 最強教科書 (CC 適用)

作　　者：井村克也 / ソーテック社
編　　輯：久保田賢二
製作合作：Noriyo Nozawa / Yoko Shimazaki / Kohei Takezawa
譯　　者：吳嘉芳
企劃編輯：江佳慧
文字編輯：王雅雯
設計裝幀：張寶莉
發 行 人：廖文良

發 行 所：碁峰資訊股份有限公司
地　　址：台北市南港區三重路 66 號 7 樓之 6
電　　話：(02)2788-2408
傳　　真：(02)8192-4433
網　　站：www.gotop.com.tw
書　　號：ACU085000
版　　次：2023 年 11 月初版
建議售價：NT$580

國家圖書館出版品預行編目資料

職人必備技！Photoshop 最強教科書(CC 適用) / 井村克也, ソーテック社原著；吳嘉芳譯. -- 初版. -- 臺北市：碁峰資訊, 2023.11
　　面；　　公分
　　ISBN 978-624-324-647-8(平裝)
　　1.CST：數位影像處理
312.837　　　　　　　　　　　　　　112016332